9급 운전직 공무원
군무원(차량직) 시험 대비

오세인의

자동차구조원리 및 도로교통법규 파이널 모의고사

오세인 지음

　지난 시간을 빼곡히 써내려 간 백지들 위에 아쉬움 감정이 가장 큰 자리를 차지하는 것 같다. 본 교재 집필 시 저자의 초점은 두 가지로 함축할 수 있었다.
　첫째, 변별력 있는 문제를 만들어보자.
　둘째, 중복된 문제는 피하자.
　이렇게 두 가지 맹점을 갖고 교재집필작업을 진행했다.

　매번 강의 때에도 반복적으로 얘기하지만 시험이란, 특히 공무원 시험에서의 결정력은 변별력과 수준 높은 판단이라 생각한다. 다수가 풀 수 있는 문제, 즉 누구나 쉽게 접하고, 쉽게 풀 수 있는 문제는 아무런 의미가 없다고 생각한다. 공무원 시험에서 합격과 불합격의 당락을 결정짓는 것은 바로 쉽게 접하지 못한 변별력 있는 문제를 누가 더 많이 접하고 가느냐, 실전에서 수준 높은 문제에 대응하기 위한 수준 높은 문제를 풀 수 있는 능력인 수준 높은 판단이다. 이것이 바로 오늘의 합격자가 되는 비법이 아닐까 생각한다. 이러한 능력은 하루아침에 생기는 것이 아니라 많은 시간과 노력이 필요하다.

　이러한 관점에서, 본 교재는 쉽게 접하고 쉽게 풀 수 있는 문제가 아니라 출제 가능성이 높은 문제들을 선별하여 실전에 대비할 수 있도록 실전 시험과 유사한 방식으로 구성하였다.

　본 교재의 특징은 다음과 같다.
　첫째, 출제빈도가 높은 파트를 분석하고, 그 분석결과에 맞추어 변별력 있는 문제에 대응할 수 있도록 문제를 재구성하였다.
　둘째, 실전에 대비할 수 있도록 실전 시험과 유사한 방식으로 문제를 구성하고, 매 회 중복 출제되는 문제를 피하여 다양한 문제를 접할 수 있도록 문제의 다양성을 높였다.

　문제의 선정과 해설, 그리고 편집에 정성을 기울였으나 부족한 부분이 발견될 것이다. 수험생 여러분의 아낌없는 지도와 편달을 바라며, 이 시간 운전직 공무원을 꿈꾸는 모든 분들에게 응원의 박수를 보낸다. 또한 더욱 정진하여 합격의 영광이 있기를 기원한다.

　끝으로 본 교재를 발간하기까지 많은 도움을 주신 도서출판 성안당 임직원 여러분들의 노고에 깊은 감사의 마음을 전한다.

저자 씀

차례

제1회 파이널 모의고사

1. LPG의 물성에 관한 설명 중 틀린 것은?

① 액화, 기화가 용이하다.
② 기체상태의 LPG는 공기보다 가볍다.
③ 액체상태의 LPG는 물보다 가볍다.
④ 기화할 때 다량의 열을 필요로 한다.

2. 다음 그림과 같은 디젤사이클의 $P-V$선도를 설명한 것으로 틀린 것은?

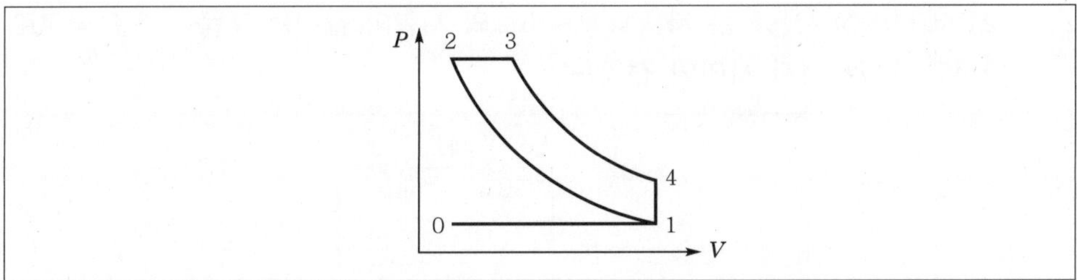

① 1 → 2 : 단열압축
② 2 → 3 : 정적팽창
③ 3 → 4 : 단열팽창
④ 4 → 1 : 정적방열

3. 다음에서 자동차의 최고속도를 증대시키는 것과 가장 거리가 먼 것은?

① 총감속비를 크게 한다.
② 구동바퀴의 유효반경을 크게 한다.
③ 자동차의 중량을 경감한다.
④ 차체를 유선형화한다.

4. 클러치가 하는 일 중 틀린 것은?

① 주행상태에 알맞도록 기어의 물림을 변경시킨다.
② 기관과의 연결을 끊는 일을 한다.
③ 변속기로 전달되는 기관의 동력을 필요에 따라 단속하는 일을 한다.
④ 발진할 때에는 기관의 동력을 서서히 연결하는 일을 한다.

5. 자동차용 무단자동변속기(CVT)의 특징으로 틀린 것은?

① 큰 동력을 전달할 수 있어 대형화가 가능하다.
② 운전 중 용이하게 감속비를 변화시킬 수 있다.
③ 변속기 충격이 거의 없다.
④ 벨트의 미끄러짐이 있을 경우 확실한 변속이 곤란하다.

6. 축전기의 정전용량에 대한 설명 중 틀린 것은?

① 가해지는 전압에 비례한다.
② 상대하는 금속판의 면적에 비례한다.
③ 금속판 사이의 절연체 절연도에 비례한다.
④ 금속판 사이의 거리에 비례한다.

7. 12V 배터리를 사용하는 자동차에서 6Ω의 저항이 걸리는 부품 2개를 직렬로 연결하였다. ⑧와 전지 사이의 전압은?

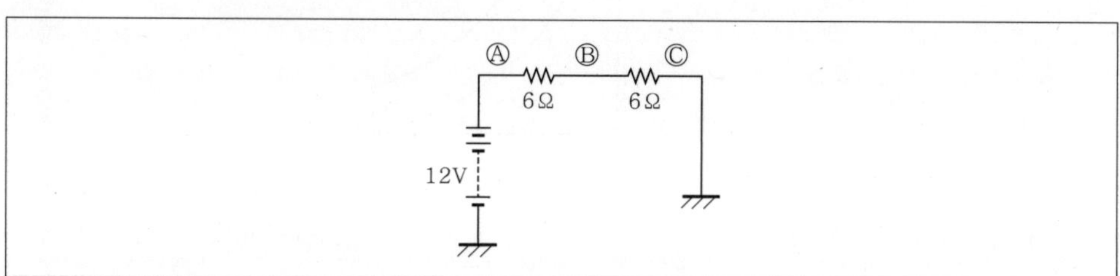

① 2V
② 6V
③ 12V
④ 24V

8. 자동변속기 차량에서 토크컨버터 내에 있는 스테이터의 기능은?

① 터빈의 회전력을 증대시킨다.
② 바퀴의 회전력을 감소시킨다.
③ 펌프의 회전력을 증대시킨다.
④ 터빈의 회전력을 감소시킨다.

9. LPG기관에서 연료가 기체상태로 존재하는 부품은?

① LPG용기
② 믹서
③ 베이퍼라이저 연료 입구
④ 고압파이프

10. 전자제어 현가장치에서 감쇠력 제어 상황이 아닌 것은?

① 고속주행하면서 좌회전할 경우
② 정차 시 뒷좌석에 많은 사람이 탑승한 경우
③ 정차 중 급출발할 경우
④ 고속주행 중 급제동한 경우

11. 브레이크계통을 정비한 후 공기빼기 작업을 하지 않아도 되는 경우는?

① 브레이크파이프나 호스를 떼어낸 경우
② 브레이크마스터실린더에 오일을 보충한 경우
③ 베이퍼록현상이 생긴 경우
④ 휠실린더를 분해수리한 경우

12. 6기통 디젤기관에서 저항이 0.6Ω인 예열플러그를 각 실린더에 병렬로 연결하였을 때 합성저항은?

① 0.1Ω   ② 0.2Ω
③ 0.3Ω   ④ 0.4Ω

13. 엔진의 크랭킹이 안 되거나 혹은 크랭킹이 천천히 되는 원인이 아닌 것은?

① 기동장치의 결함   ② 한랭시 오일점도가 높을 때
③ 축전지 혹은 케이블 불량   ④ 연소실에 연료가 과다하게 분사

14. 제어밸브와 동력실린더가 일체로 결합된 것으로 대형 트럭이나 버스 등에서 사용되는 동력조향장치는?

① 조합형   ② 분리형
③ 혼성형   ④ 독립형

15. 삼색등화로 표시되는 신호등에서 등화를 종으로 배열할 경우 순서로 맞는 것은?

① 위로부터 적색, 황색, 녹색의 순서로 한다.
② 위로부터 녹색, 황색, 적색의 순서로 한다.
③ 위로부터 녹색 화살표, 황색, 녹색의 순서로 한다.
④ 위로부터 녹색, 적색, 녹색 화살표의 순서로 한다.

16. 다음 중 「도로교통법」상 규정으로 옳지 않은 것은?

① 운전이 금지되는 술에 취한 상태의 기준은 운전자의 혈중알코올농도가 0.05% 이상인 경우로 한다.

② 자동차 창유리 가시광선투과율이 앞면 창유리는 70% 미만, 운전석 좌우 옆면 창유리 40% 미만이 되어야 한다.

③ 「국민투표법」 및 공직선거관계법령에 의하여 국민투표운동·선거운동 및 국민투표·선거관리업무에 사용되는 자동차를 운전하거나 승차하는 때에는 좌석안전띠를 미착용할 수 있다.

④ 어린이통학버스가 도로에 정차하여 어린이나 영유아가 타고 내리는 중임을 표시하는 점멸등 등의 장치를 작동 중일 때에는 어린이통학버스가 정차한 차로와 그 차로의 바로 옆 차로로 통행하는 차의 운전자는 어린이통학버스에 이르기 50m 전부터 서행하도록 해야 한다.

17. 다음 중 지방경찰청장이 1년 이내의 기간을 정하여 교통안전교육기관의 운영을 정지할 것을 명할 수 있는 경우가 아닌 것은?

① 교통안전교육기관이 지정기준에 적합하지 아니하여 시정명령을 받고 30일 이내에 시정하지 아니한 경우

② 교통안전교육기관의 장이 교통안전교육강사가 연수교육을 받을 수 있도록 조치하지 아니한 경우

③ 교통안전교육기관의 장이 교통안전교육과정을 이수하지 아니한 사람에게 교육확인증을 발급한 경우

④ 교통안전교육기관의 장이 자료제출 또는 보고를 하지 아니한 경우

18. 다음 중 11대 중과실사고에 해당되는 것은?

① 자동차전용도로에서 눈이 30mm 쌓여있는 도로에서 70km/h로 운행 중 사고

② 편도 3차로의 국도에 눈이 30mm 쌓여있는 도로에서 40km/h로 운행 중 사고

③ 경부고속도로에 눈이 10mm 내린 상태에서 4.5톤 화물차로 80km/h로 운행 중 사고

④ 편도 2차로 국도를 화물차가 100km/h로 운행 중 사고

19. 「도로교통법」상 서행하여야 할 장소로 지정된 곳은?

① 횡단보도에 보행자가 보행 중인 때
② 도로가 구부러진 곳
③ 교통이 빈번한 교차로
④ 터널 안

20. 고속도로에 설치된 고속도로 버스전용차로를 통행할 수 없는 자동차는?

① 21인승 승합자동차에 운전자만 승차한 경우
② 15인승 승합자동차에 2명이 승차한 경우
③ 12인승 승합자동차에 4명이 승차한 경우
④ 9인승 승용자동차에 6명이 승차한 경우

제1회 정답 및 해설

1. **정답** ②

해설 LPG의 물성(물리적 성질)

① 액화·기화가 용이하다.
② 기체상태의 LPG는 공기보다 무겁다.
③ 액체상태의 LPG는 물보다 가볍다.
④ 기화할 때 다량의 열을 필요로 한다.

2. **정답** ②

해설 ① 1 → 2 : 단열압축
② 2 → 3 : 정압가열
③ 3 → 4 : 단열팽창
④ 4 → 1 : 정적방열

디젤사이클은 단열압축 → 정압가열 → 단열팽창 → 정적방열의 4개 과정을 거치면서 사이클을 완성한다. 즉, 디젤(정압)사이클은 2개의 단열과정과 1개의 정압과정 및 1개의 정적과정으로 구성되어 있다.

3. **정답** ①

해설 자동차의 최고속도를 증대시키는 방법

① 총감속비를 작게 한다.
② 구동바퀴의 유효반경을 크게 한다.
③ 자동차의 중량을 경감한다.
④ 차체를 유선형화한다.
⑤ 구름저항 및 공기저항을 작게 한다.

4. **정답** ①

해설 클러치의 기능

① 변속기로 전달되는 기관을 동력의 필요에 따라 단속하는 일을 한다.
② 변속기어를 변속할 때 일시적으로 기관과의 연결을 끊는 일을 한다.
③ 발진할 때에는 기관의 동력을 서서히 연결하는 일을 한다.

5. 정답 ①

해설 무단자동변속기(CVT)의 특징
① 운전 중 용이하게 감속비를 변화시킬 수 있다.
② 변속기 충격이 거의 없다.
③ 벨트의 미끄러짐이 있을 경우 확실한 변속이 곤란하다.

6. 정답 ④

해설 축전기의 정전용량
① 금속판 사이 절연체의 절연도에 정비례한다.
② 가해지는 전압에 정비례한다.
③ 상대하는 금속판의 면적에 정비례한다.
④ 상대하는 금속판 사이의 거리에는 반비례한다.

7. 정답 ②

해설 $E = IR$ [E : 전압, I : 전류, R : 저항]
∴ $1\text{A} \times 6\,\Omega = 6\text{V}$

8. 정답 ①

해설 스테이터(stator)에는 일방향 클러치가 있어서 터빈에서 되돌아온 오일을 다시 펌프로 회전시
켜 회전력을 증대시키는 역할을 한다.

9. 정답 ②

해설 베이퍼라이저에서 액체LPG가 감압, 기화되어 믹서에서 완전히 기체가 되어 공기와 혼합된다.

10. 정답 ②

해설 ①, ③, ④항이 감쇠력 제어 상황이고, 뒷좌석에 많은 사람이 탑승한 경우에는 차고제어를 한다.

11. 정답 ②

해설 브레이크계통을 분해 · 수리한 경우에 공기빼기 작업을 하므로 오일 보충의 경우에는 하지
않는다.

12. 정답 ①

해설 $\dfrac{1}{R} = \dfrac{1}{0.6} + \dfrac{1}{0.6} + \dfrac{1}{0.6} + \dfrac{1}{0.6} + \dfrac{1}{0.6} + \dfrac{1}{0.6} = \dfrac{6}{0.6}$

∴ $R = \dfrac{0.6}{6} = 0.1\,\Omega$

13. 정답 ④

해설 엔진의 크랭킹이 안 되거나 혹은 크랭킹이 천천히 되는 원인이 기동장치의 결함, 한랭한 상태에서 오일점도가 높을 때, 축전지 충전 부족 혹은 케이블 불량 등이다.

14. 정답 ①

해설 동력조향장치의 분류
① 일체형(integral type) : 조향기어, 동력실린더, 제어밸브 모두 기어박스 내에 설치
② 링키지조합형 : 동력실린더와 제어밸브가 일체로 설치
③ 링키지분리형 : 조향기어, 동력실린더, 제어밸브 모두 분리되어 설치

15. 정답 ①

해설 ① 종형(세로형) 3색등 등화의 배열순서 : 위로부터 적색 – 황색 – 녹색
② 등화의 표시(신호)순서 : 녹색 → 황색 → 적색

16. 정답 ④

해설 어린이통학버스가 도로에 정차하여 어린이나 영유아가 타고 내리는 중임을 표시하는 점멸등 등의 장치를 작동 중일 때에는 어린이통학버스가 정차한 차로와 그 차로의 바로 옆 차로로 통행하는 차의 운전자는 어린이통학버스에 이르기 전에 일시정지하여 안전을 확인한 후 서행하여야 한다(법 제51조 제1항).
① 법 제44조 제4항
② 「도로교통법 시행령」 제28조
③ 「도로교통법 시행규칙」 제31조 제6호

17. 정답 ③

해설 ③항의 경우에 해당할 때에는 그 지정을 취소하여야 한다(법 제79조 제1항 제3호).
▶ 「도로교통법」 제79조(교통안전교육기관의 지정 취소 등) 제1항
지방경찰청장은 교통안전교육기관이 다음 각 호의 어느 하나에 해당할 때에는 행정자치부령으로 정하는 기준에 따라 지정을 취소하거나 1년 이내의 기간을 정하여 운영의 정지를 명할 수 있다. 다만, 제3호에 해당할 때에는 그 지정을 취소하여야 한다.
1. 교통안전교육기관이 제74조 제2항에 따른 지정기준에 적합하지 아니하여 시정명령을 받고 30일 이내에 시정하지 아니한 경우
2. 교통안전교육기관의 장이 교통안전교육강사가 연수교육을 받을 수 있도록 조치하지 아니한 경우
3. 교통안전교육기관의 장이 교통안전교육과정을 이수하지 아니한 사람에게 교육확인증을 발급한 경우
4. 교통안전교육기관의 장이 자료제출 또는 보고를 하지 아니하거나 거짓으로 자료제출 또는 보고를 한 경우
5. 교통안전교육기관의 장이 관계 공무원의 출입 · 검사를 거부 · 방해 또는 기피한 경우

18. 정답 ①

해설 자동차전용도로 최고속도 90km/h에서 눈이 20mm 이상일 때 50/100 감속, 즉 45km/h이고 20km/h 초과 시 과속이므로 여기서 65km/h 이상이면 과속이다.

19. 정답 ②

해설 서행장소(법 제31조)
① 교통정리를 하고 있지 아니하는 교차로
② 도로가 구부러진 부근
③ 비탈길의 고개마루 부근
④ 가파른 비탈길의 내리막
⑤ 지방경찰청장이 도로에서의 위험을 방지하고 교통의 안전과 원활한 소통을 확보하기 위하여 필요하다고 안정하여 안전표지로 지정한 곳

20. 정답 ③

해설 12인승 승합자동차에 6명 이상 승차 시 고속도로 버스전용차로를 통행할 수 있다.

제2회 파이널 모의고사

1. 수동변속기에서 클러치의 자유간극과 관련된 설명 중 맞는 것은?

① 클러치페달을 밟은 후부터 릴리스레버다이어프램스프링을 밀어낼 때까지의 거리를 자유간극이라 한다.

② 클러치페달의 자유간극이 너무 크면 기어변속이 잘 안 되고 소음이 일어날 수 있다.

③ 클러치의 자유간극이 너무 크면 클러치페이싱의 마모를 촉진시킨다.

④ 클러치의 자유간극이 너무 작으면 동력차단이 제대로 이루어지지 않아 변속소음이 일어날 수 있다.

2. 내부에는 고탄소강의 강선(피아노선)을 묶음으로 넣고 고무로 피복한 링상태의 보강부위로 타이어를 림에 견고하게 고정시키는 역할을 하는 부분은?

① 카커스(carcass)부

② 트레드(tread)부

③ 숄더(shoulder)부

④ 비드(bead)부

3. 디젤기관의 노크 방지책으로 맞는 것은?

① 착화지연기간이 긴 연료를 사용한다.

② 압축비를 낮춘다.

③ 분사 초기에 연료분사량을 감소시킨다.

④ 흡기압력을 낮춘다.

4. 25℃에서 양호한 상태인 100AH 축전지는 300A의 전류를 얼마 동안 발생시킬 수 있는가?

① 5분

② 10분

③ 15분

④ 20분

5. 제동장치에서 편제동의 원인이 아닌 것은?

① 타이어 공기압 불평형

② 마스터실린더 리턴포트의 막힘

③ 브레이크패드의 마찰계수 저하

④ 브레이크디스크에 기름부착

6. 종감속비가 6인 자동차에서 추진축의 회전수가 900rpm일 때 뒤차축의 회전수는
얼마인가? (단, 직진으로 주행하고, 변속기의 변속비는 1.5 : 1이다.)

① 100rpm
② 150rpm
③ 600rpm
④ 900rpm

7. 현가장치의 평행판스프링형식에서 스프링이 완충작용할 때 스팬(span)의 변화를
조절해주는 것은?

① 캐스터판
② 섀클
③ 센터볼트
④ U볼트

8. 라디에이터 캡 시험기로 점검할 수 없는 것은?

① 라디에이터 코어 막힘 여부
② 라디에이터 코어 손상으로 인한 누수 여부
③ 냉각수 호스 및 파이프와 연결부에서의 누수 여부
④ 라디에이터 캡의 불량 여부

9. 윤활유 소비증대의 가장 큰 원인이 되는 것은?

① 비산과 누설
② 비산과 압력
③ 희석과 혼합
④ 연소와 누설

10. 실린더의 윗부분이 아랫부분보다 마멸이 큰 이유는?

① 오일이 상단까지 밀어주지 못하기 때문이다.
② 냉각의 영향을 받기 때문이다.
③ 피스톤링의 호흡작용이 있기 때문이다.
④ 압력이 작게 작용하기 때문이다.

11. 축전지의 전압이 12V이고 권선비가 1 : 40인 경우 1차 유도전압이 350V이면 2차
유도전압은?

① 7,000V
② 12,000V
③ 13,000V
④ 14,000V

12. 드가르봉식 쇽업소버의 특징이 아닌 것은?

① 순수유압식에 비해 구조가 복잡하다.

② 작동 시 오일에 기포가 거의 발생되지 않는다.

③ 복동식에 비해 방열효과가 크다.

④ 분해 시 가스압력에 의한 위험이 있다.

13. 피스톤슬랩(piston slap)의 예방방법에 대하여 잘못 설명한 것은?

① 피스톤간극을 작게 한다.

② 피스톤링의 장력을 낮추어 저항을 줄인다.

③ 피스톤링의 중량을 감소시킨다.

④ 오프셋피스톤을 사용한다.

14. 완전히 증발하지 못한 냉매를 기체상태의 냉매만으로 압축기에 보내기 위한 부품은?

① 응축기   ② 어큐뮬레이터

③ 팽창밸브   ④ 리시버드라이어

15. 차량신호등의 종류가 적색 화살표의 등화일 경우에 대한 설명으로 옳은 것은?

① 차마는 다른 교통 또는 안전표지의 표시에 주의하면서 화살표시방향으로 진행할 수 있다.

② 차마는 정지선이나 횡단보도가 있을 때에는 그 직전이나 교차로의 직전에 일시정지한 후 다른 교통에 주의하면서 화살표시방향으로 진행할 수 있다.

③ 차마는 화살표시방향으로 진행할 수 있다.

④ 화살표시방향으로 진행하려는 차마는 정지선, 횡단보도 및 교차로의 직전에서 정지하여야 한다.

16. 다음은 「도로교통법」규정에 위반범칙행위에 있어 범칙금액이 다른 한 가지는 어느 것인가?

① 어린이의 승차 또는 하차를 도와주는 보호자를 태우지 아니한 어린이통학버스인 승합자동차를 운전한 경우

② 일반도로에서 승용자동차를 제한속도보다 30km/h 과속한 경우

③ 어린이보호구역에서 승합자동차를 제한속도보다 10km/h 과속한 경우

④ 승용자동차를 운행 중 일반도로에서 횡단보도 보행자의 횡단을 방해한 경우

17. 운전면허 취소사유에 해당되는 항목으로 옳은 것만 고른 것은?

> 가. 과속으로 운전한 경우
> 나. 타인에게 운전면허를 대여한 경우
> 다. 신호를 위반한 경우
> 라. 중앙선을 침범한 경우
> 마. 경찰공무원의 술에 취한 상태의 측정에 불응할 때
> 바. 술에 취한 상태(혈중알코올농도 0.10% 이상)에서 운전할 때
> 사. 교통사고로 사람을 죽게 하거나 다치게 하고 구호조치 및 신고의무를 하지 아
>   니한 때

① 가, 나, 마, 바, 사   ② 나, 마, 바, 사
③ 라, 나, 마, 바, 사   ④ 나, 다, 마, 사

18. 「도로교통법」상 어린이통학버스 관련규정으로 옳지 않은 것은?

① 어린이통학버스를 운영하는 사람과 운전하는 사람은 어린이통학버스의 안전운
   행을 위해 어린이통학버스 안전교육을 받아야 한다.
② 앞면 창유리 우측 하단과 뒷면 창유리 우측 하단의 보기 쉬운 곳에 어린이보호
   표지를 부착하여야 한다.
③ 자동차안전기준에서 정한 어린이운송용 승합자동차의 구조를 갖추어야 한다.
④ 어린이통학버스 안전교육은 2년에 한 번 정기적으로 이수하여야 한다.

19. 다음 중 보행자가 보도와 차도가 구분되지 아니한 도로에서 차마를 마주 보지 않
고 통행할 수 있는 경우는?

① 차도를 횡단하는 경우
② 일방통행도로인 경우
③ 도로공사 등으로 보도의 통행이 금지된 경우
④ 학생의 대열과 그 밖에 보행자의 통행에 지장을 줄 우려가 있는 경우

20. 자동차등록의 종류에 해당하지 않는 것은?

① 저당권등록   ② 신규등록
③ 변경등록   ④ 형식등록

제2회 정답 및 해설

1. **정답** ②

해설 ① 클러치페달을 밟은 후부터 릴리스베어링이 다이어프램스프링에 닿을 때까지의 거리를 자유간극이라 한다.
② 클러치의 자유간극이 너무 작으면 클러치페이싱의 마모를 촉진시킨다.
③ 클러치의 자유간극이 너무 크면 동력차단이 제대로 이루어지지 않아 변속소음이 일어날 수 있다.

2. **정답** ④

해설 타이어의 구조
① 트레드(tread) : 노면과 직접 접촉하는 부분으로 제동력, 구동력, 옆방향 미끄럼 방지, 승차감 향상 등의 역할을 한다.
② 브레이커(breaker) : 트레드와 카커스 사이에 있으며, 분리를 방지하고 노면에서의 완충작용을 한다.
③ 카커스(carcass) : 타이어의 골격을 이루는 부분으로 여러 겹의 코드층으로 되어 있어 공기압력을 견디고 완충작용을 한다.
④ 비드(bead) : 타이어가 림에 접촉하는 부분으로 타이어가 늘어나고 빠지는 것을 방지하기 위해 몇 줄의 피아노선이 들어 있다.

3. **정답** ③

해설 디젤기관의 노크 방지책
① 세탄가가 높은 연료를 사용한다.
② 압축비, 실린더벽의 온도, 흡기온도 및 압력, 엔진의 회전속도를 높인다.
③ 연료의 분사시기를 알맞게 조정한다.
④ 착화지연기간 중에 연료의 분사량을 적게 하여 착화지연기간을 짧게 한다.

4. **정답** ④

해설 축전지용량＝방전전류×방전시간

$$\therefore \text{방전시간} = \frac{\text{축전지용량}}{\text{방전전류}} = \frac{100\text{AH}}{300\text{A}} = \frac{1}{3}\text{H(20분)}$$

5. **정답** ②
해설 ①, ③, ④항은 편제동의 원인이며, 마스터실린더의 리턴구멍이 막히면 브레이크액이 리턴되지 못하므로 브레이크가 풀리지 않는 원인이 된다.

6. **정답** ②
해설 뒤차축의 회전수 $= \dfrac{\text{추진축의 회전수}}{\text{종감속비}} = \dfrac{900}{6} = 150\text{rpm}$

7. **정답** ②
해설 판스프링의 구조
① 아이 : 1번 스프링의 양 끝부분에 설치된 구멍으로 섀클핀에 의해 프레임이 설치
② 스팬 : 스프링 아이와 아이 중심 간의 수평거리
③ 캠버 : 판스프링의 휨량
④ 센터볼트 : 스프링의 위치를 유지시키기 위한 볼트
⑤ 닙 : 스프링 끝이 휘어진 부분으로 진동 발생 시 스프링이 벌어지는 것을 방지
⑥ 클립 : 진동 발생 시 스프링이 흐트러지는 것을 방지
⑦ 섀클 : 스프링 아이와 차체의 행어에 설치되어 스팬의 변화를 가능케 하는 역할을 함
⑧ U볼트 : 판스프링을 차축하우징에 고정시키기 위한 볼트

8. **정답** ①
해설 라디에이터 캡 시험기는 밀폐 여부를 점검하여 누수를 점검하는 시험기이다.

9. **정답** ④
해설 ① 오일팬 내의 오일이 규정량보다 높을 때
② 오일의 열화 또는 점도가 불량일 때
③ 피스톤과 실린더와의 간극이 과대일 때

10. **정답** ③
해설 피스톤링의 호흡작용(행정이 바뀌면서 유막이 끊어지는 현상) 때 폭발이 발생되기 때문이다.

11. **정답** ④
해설 2차 유도전압 = 1차 유도전압 × 권선비
$\therefore\ 350 \times 40 = 14{,}000\text{V}$

12. **정답** ①
해설 드가르봉식 속업소버의 특징은 ②, ③, ④항 이외에 순수유압식에 비해 구조가 간단하다.

13. **정답** ②

해설 피스톤슬랩이란 피스톤과 실린더벽 사이의 간극이 크면 피스톤이 운동방향을 바꿀 때 실린더벽에 충격을 주는 현상이며, 예방밥법은 ①, ③, ④항이다.

14. **정답** ②

해설 에어컨의 구성품

① 압축기 : 크랭크축에 의해 V벨트로 구동되며, 저온, 저압기체의 냉매를 고온, 고압의 기체로 만들어 응축기로 보낸다.
② 응축기(콘덴서) : 라디에이터 앞에 설치되며, 차량주행속도와 냉각팬에 의해 고온, 고압 기체상태의 냉매를 응축시켜 고온, 고압의 액체상태의 냉매로 만든다.
③ 리시버드라이어 : 응축기에서 유입되는 액체냉매 속에 수분 및 불순물을 여과시키는 역할을 한다.
④ 팽창밸브 : 냉매를 급속팽창시켜 증발기로 전달하며, 냉각된 공기를 차실 내로 보낸다.
⑤ 증발기(이배퍼레이터) : 안개상태의 냉매가 기체로 변하는 동안 냉각팬의 작동으로 증발기의 핀을 통과하는 공기 중의 열을 빼앗는다.
⑥ 어큐뮬레이터 : 어큐뮬레이터 주요 기능은 리시버드라이어와 유사하나, 리시버드라이어는 TXV타입에서 고압측에 설치되는데 비해, 어큐뮬레이터는 CCOT타입에서 저압측에 설치되는 점에서 다르다. 냉매의 저장 및 2차 증발기능, 액체분리, 수분흡수, 오일순환, 증발기 동결 방지기능을 한다.

참고 TXV(Thermal Expansion Valve)타입 : 팽창과정에서 팽창밸브를 사용하는지 또는 오리피스튜브를 사용하는지에 따라 TXV타입 또는 CCOT(Cycling Clutch Orifice Type)으로 구분하며, 오리피스튜브를 사용하는 냉동시스템을 CCOT라 한다.

15. **정답** ④

해설 ① 황색 화살표 등화의 점멸
② 적색 화살표 등화의 점멸
③ 녹색 화살표 등화

16. **정답** ①

해설 「도로교통법 시행령」 별표 8
어린이통학버스인 승합자동차를 운전하면서 운전자의 의무를 위반한 범칙행위의 경우 13만원의 범칙금이 부과된다.
②, ③, ④항은 6만원의 범칙금이 부과된다(「도로교통법시행령」 별표 8, 10).

17. **정답** ②

해설 「도로교통법 시행령」 별표 8 참조
나, 마, 바, 사는 「도로교통법」 제93조(운전면허의 취소 정지) 제1항에 의거 면허취소처분대상이다.

18. 정답 ②

해설 「도로교통법 시행령」 제31조 제2호

앞면 창유리 우측 상단과 뒷면 창유리 중앙 하단의 보기 쉬운 곳에 행정자치부령이 정하는 어린이보호표지를 부착하여야 한다.

19. 정답 ②

해설 ①, ③, ④항은 보행자는 보도와 차도가 구분된 도로에서는 언제나 보도로 통행하여야 한다는 규정의 예외규정이다(법 제8조 제1항, 법 제9조 제1항).

20. 정답 ④

해설 「자동차등록령」 제3조(등록의 종류)

1. 신규등록
2. 변경등록
3. 이전등록
4. 말소등록
5. 압류등록
6. 저당권등록(저당권설정등록 · 변경등록 · 이전등록 · 말소등록)
7. 경정등록
8. 예고등록

1. 축전지에 대한 설명으로 틀린 것은?

① 축전지는 화학적 에너지를 전기적 에너지로 변환시킨다.
② 1차 전지란 방전되었을 때 충전을 할 수 없으므로 재사용이 불가능한 전지를 말한다.
③ 2차 전지란 방전되었을 때 재사용이 가능하도록 재충전이 가능한 전지를 말한다.
④ 알칼리축전지는 납산축전지에 비하여 과부하에 불리하고 수명이 짧다.

2. 도체의 저항에 관한 설명 중 틀린 것은?

① 무게에 비례
② 길이에 비례
③ 단면적에 반비례
④ 고유저항에 비례

3. 납산축전지에 대한 설명으로 옳은 것은?

① 12V 배터리는 12개의 셀이 직렬로 연결되어 있다.
② 배터리용량은 "전압×방전시간"으로 표시되어 있다.
③ 같은 전압, 같은 용량의 배터리를 직렬로 연결하면 용량이 배가 된다.
④ 극판의 개수가 많을수록 축전지용량이 커진다.

4. 가솔린기관에서 연료펌프 내의 체크밸브가 열린 채로 고장이 났을 때 나타나는 현상이 아닌 것은?

① 시동이 걸리지 않는다.
② 주행성능에는 영향이 없다.
③ 베이퍼록이 발생할 수 있다.
④ 연료펌프에 무리가 가지 않는다.

5. 가솔린과 비교한 LPG에 대한 설명이다. 틀린 것은?

① 옥탄가가 높다.
② 프로판과 부탄을 사용한다.
③ 착화온도가 높다.
④ 노킹 발생이 많다.

6. 자동차용 수동변속기 클러치용량에 대한 설명으로 가장 적합한 것은?

① 기관의 회전토크와 동일하여야 한다.

② 용량이 크면 접촉충격이 적다.

③ 기관의 최고회전토크보다 커야 한다.

④ 용량이 적을수록 효율이 좋아 내구성이 증대된다.

7. 설페이션현상에 대한 설명 중 틀린 것은?

① 극판이 영구적으로 황산납이 되는 현상이다.

② 극판이 일시적으로 황산납이 되어 표면에 유백색의 결정이 생기는 현상이다.

③ 설페이션현상이 발생되더라도 축전지는 지속적인 재충전이 가능하다.

④ 과방전상태가 장시간 방치되거나 전해액 양의 부족원인으로 발생한다.

8. 실린더 내경이 50mm, 행정이 100mm인 4실린더기관의 압축비가 11일 때 연소실 체적은?

① 약 40.1cc   ② 약 30.1cc

③ 약 15.6cc   ④ 약 19.6cc

9. 자동차용 디젤기관의 분사펌프에서 분사 초기에는 분사시기를 변경시키고, 분사 말기는 일정하게 하는 리드형식은?

① 역리드   ② 양리드

③ 정리드   ④ 각리드

10. 디젤엔진에서 매연이 과다하게 발생할 때 기본적으로 가장 먼저 점검해야 할 내용은?

① 에어필터 점검   ② 연료필터 점검

③ 노즐의 분사압력   ④ 다이얼게이지

11. 드럼브레이크와 비교한 디스크브레이크의 특성에 대한 설명으로 틀린 것은?

① 고속도로에서 반복적으로 사용하여도 제동력의 변화가 적다.

② 부품의 평형이 좋고 편제동되는 경우가 거의 없다.

③ 디스크에 물이 묻어도 제동력의 회복이 빠르다.

④ 디스크가 대기 중에 노출되어 방열성은 좋으나 제동안정성이 떨어진다.

12. 오버드라이브를 설치하였을 때의 장점이 아닌 것은?

① 연료가 절약된다.
② 타이어의 마모가 적게 된다.
③ 엔진의 운전이 조용하게 된다.
④ 엔진의 수명이 연장된다.

13. 변속기의 제3속 감속비가 1.50 : 1이고, 종감속장치의 구동피니언의 잇수가 8, 링기어의 잇수가 48이다. 제3속으로 운전할 때 총감속비는?

① 9 : 1
② 10 : 1
③ 14 : 1
④ 21 : 1

14. ABS의 장점이라고 할 수 없는 것은?

① 제동 시 차체의 안정성을 확보한다.
② 급제동 시 조향성능의 유지가 용이하다.
③ 제동압력을 크게 하여 노면과의 동적마찰효과를 얻는다.
④ 제동거리의 단축효과를 얻을 수도 있다.

15. 다음 중 노면표시색채를 연결한 것 중 틀린 것은?

① 안전지대표시 ― 황색
② 노상장애물 중 도로 중앙 장애물표시 ― 백색
③ 다인승 차량전용차로표시 ― 청색
④ 주 · 정차금지표시 ― 황색

16. 「도로교통법」 제54조에 교통사고 발생 시 신고해야 할 사항으로 규정된 것이 아닌 것은?

① 교통사고 발생원인
② 손괴한 물건 및 손괴 정도
③ 사고가 일어난 곳
④ 사상자 수 및 부상 정도

17. 누산점수가 없는 승용차 운전자가 최근 1주일 간격으로 중앙선 침범과 고속도로 버스전용차로 위반으로 경찰관에게 범칙금통지서를 부과받았다. 교통소양교육과 교통참여교육을 이수하였을 때 실제로 받게 되는 운전면허정지기간은?

① 운전면허정지처분을 받지 않는다.
② 운전면허정지처분을 10일간 받는다.
③ 운전면허정지처분을 20일간 받는다.
④ 운전면허정지처분을 30일간 받는다.

18. 다음 중 「교통사고처리 특례법」상 우선 지급하여야 할 치료비의 통상비용이 아닌 것은?

① 진찰료
② 손해배상금
③ 일반병실의 입원료
④ 처치 · 투약 · 수술 등 치료에 필요한 모든 비용

19. 이상기후 시 감속운행에 대한 설명 중 틀린 것은?

① 노면이 얼어붙은 때는 최고속도 50/100 감속
② 폭우, 폭설, 안개 등으로 가시거리가 100m 이내인 경우 최고속도 50/100 감속
③ 비가 내려 노면에 습기가 있을 때 최고속도 20/100 감속
④ 눈이 20mm 미만 쌓인 때 최고속도 50/100 감속

20. 고속도로 편도 3차로의 1차로에 대한 설명으로 맞는 것은?

① 승용자동차의 주행차로이다.
② 모든 자동차의 주행차로이다.
③ 승용자동차의 앞지르기 차로이다.
④ 원동기장치자전거의 주행차로이다.

제3회 정답 및 해설

1. **정답** ④

해설 알칼리축전지는 납산축전지에 비하여 과다충전·과다방전 및 장기방치 등 가혹한 조건에 잘 견디며 수명이 같다.

2. **정답** ①

해설 ① 도체의 저항은 길이에 정비례하고, 단면적에 반비례한다.

② 전압과 도선의 길이가 일정할 때 도선의 지름을 $\frac{1}{2}$로 하면 저항은 4배로 증가하고, 전류는 $\frac{1}{4}$로 감소한다.

3. **정답** ④

해설 축전지(battery)의 구성 및 특징
① 12V 배터리는 6개의 셀로 구성되어 있다.
② 배터리 1셀당 전압은 2.1~2.3V 정도이다.
③ 1셀은 양극판과 음극판 및 격리판으로 구성되어 있다.
④ 음극판이 양극판의 수보다 1장 더 많다.
⑤ 극판수가 많으면 배터리용량이 증가한다.
⑥ 같은 전압, 같은 용량의 배터리를 직렬로 연결하면 전압이 배가 된다(용량은 같다).
⑦ 배터리의 전해액은 비중이 1,260~1,280인 묽은 황산이다.
⑧ 비중은 온도에 따라 변화하며, 전해액온도가 올라가면 비중은 낮아진다.
⑨ 온도가 높으면 자기방전량이 많아진다.
⑩ 배터리용량은 "전류(A)×방전시간(H)"으로 표시되어 있다.

4. **정답** ①

해설 연료펌프 내부의 체크밸브는 연료라인에 전압을 유지하여 베이퍼록을 방지하고 엔진의 재시동성을 향상시키기 위해 설치되어 있기 때문에 열린 상태로 고장이 난 경우라도 엔진의 시동은 어렵지만 걸린다.

5. 정답 ④

해설 LPG의 특징
① 프로판과 부탄을 사용한다.
② 옥탄가가 높아 노킹 발생이 적다.
③ 착화온도가 높다.

6. 정답 ③

해설 클러치용량은 기관의 최고회전토크보다 커야 하며, 용량이 적으면 클러치가 미끄러지는 원인이 된다.

7. 정답 ③

해설 설페이션현상
① 극판이 영구적으로 황산납이 되는 현상이다.
② 극판이 일시적으로 황산납이 되어 표면에 유백색의 결정이 생기는 현상이다.
③ 과방전상태가 장시간 방치되거나 전해액 양의 부족원인으로 발생한다.

8. 정답 ④

해설 행정체적(배기량) $V = \dfrac{\pi}{4} \cdot D^2 \cdot L$ [D : 내경(cm), L : 행정(cm)]

$$= \dfrac{3.14}{4} \times 5^2 \times 10 = 196.25\text{cc}$$

압축비 $= 1 + \dfrac{\text{행정체적(배기량)}}{\text{연소실체적}}$ 이므로

$\therefore$ 연소실체적 $= \dfrac{\text{행정체적(배기량)}}{\text{압축비} - 1} = \dfrac{196.25}{11 - 1} = 19.6\text{cc}$

9. 정답 ①

해설 플런저의 리드방식
① 정리드 : 분사 초기가 일정하고 분사 말기가 변화
② 역리드 : 분사 초기가 변화하고 분사 말기가 일정
③ 양리드 : 분사 초기와 분사 말기가 모두 변화

10. 정답 ①

해설 디젤엔진에서 매연이 과다하게 발생한다는 것은 연료는 분사되나 공기가 유입되지 않는 지로 판단되므로 에어필터부터 점검한다.

11. **정답** ④

해설 디스크브레이크의 특징
① 구조가 간단하다.
② 디스크가 대기 중에 노출되어 냉각효과가 크다.
③ 방열이 잘 되어 페이드현상이 적고, 디스크에 물이 묻어도 제동력의 회복이 빠르다.
④ 부품의 평형이 좋고 한쪽만 제동되는 일이 적다.
⑤ 자기작동이 없으므로 페달조작력이 커야 한다.
⑥ 마찰면적이 적어 패드의 강도가 커야 하고, 패드의 마멸이 크다.

12. **정답** ②

해설 오버드라이브의 장점
① 엔진의 회전속도를 30% 낮추어도 자동차는 주행속도를 유지한다.
② 엔진의 회전속도가 동일하면 자동차의 속도가 30% 정도 빠르다.
③ 평탄한 도로를 주행할 때 약 20% 정도의 연료가 절약된다.
④ 엔진의 운전이 정숙하고 수명이 연장된다.

13. **정답** ①

해설 ① $R_f = \dfrac{P_t}{R_t}$ [R_f : 종감속비, P_t : 구동피니언의 잇수, R_t : 링기어의 잇수]

$$\therefore \frac{48}{8} = 6$$

② $T_r = R_t \times R_f$ [T_r : 총감속비, R_t : 변속비, R_f : 종감속비]
$$\therefore 1.5 \times 6 = 9$$

14. **정답** ③

해설 ABS의 장점
① 제동거리를 단축한다.
② 제동 시 방향의 안정성을 유지한다.
③ 제동 시 조향성을 확보한다.
④ 앞바퀴의 잠김으로 인한 조향능력 상실을 방지한다.
⑤ 뒷바퀴의 잠김으로 인한 차체스핀에 의한 전복을 방지한다.

15. **정답** ②

해설 ① 황색표시 : 중앙선, 노상장애물 중 도로 중앙 장애물표시, 주차금지표시, 안전지대표시
② 청색표시 : 버스전용차로, 다인승 차량전용차선
③ 적색표시 : 어린이보호구역 또는 주거지역 안에 설치하는 속도제한표시의 테두리선
④ 백색표시 : 그 외

16. 정답 ①

해설 교통사고 발생원인은 교통사고 발생 시 신고해야 할 사항이 아니다.

　▶ 신고사항(법 제54조 제2항)
　　① 사고가 일어난 곳
　　② 사상자 수 및 부상 정도
　　③ 손괴한 물건 및 손괴 정도
　　④ 그 밖의 조치사항 등

17. 정답 ②

해설 누산점수가 없는 승용차 운전자가 최근 1주일 간격으로 중앙선 침범(벌점 30점)과 고속도로 버스전용차로 위반(벌점 30점)으로 경찰관에게 범칙금통지서를 부과받고, 교통소양교육(면허정지 20일 감면)과 교통참여교육(면허정지 30일 감면)을 이수하였을 때 실제로 받게 되는 운전면허정지기간은 10일이다.

18. 정답 ②

해설 우선 지급할 치료의 통상비용의 범위(「도로교통법 시행령」 제2조 제1항)
1. 진찰료
2. 일반병실의 입원료. 다만, 진료상 필요로 일반병실보다 입원료가 비싼 병실에 입원한 경우에는 그 병실의 입원료
3. 처치 · 투약 · 수술 등 치료에 필요한 모든 비용
4. 의지 · 의치 · 안경 · 보청기 · 보철구 기타 치료에 부수하여 필요한 기구 등의 비용
5. 호송 · 전원 · 퇴원 및 통원에 필요한 비용
6. 보험약관 또는 공제약관에서 정하는 환자식대 · 간병료 및 기타 비용

19. 정답 ④

해설 눈이 20mm 미만 쌓일 때 최고속도 20/100 감속(20mm 이상 쌓일 경우 최고속도 50/100 감속)

20. 정답 ③

해설 차로에 따른 통행차의 기준(「도로교통법 시행규칙」 별표 9)

도로		차로구분	통행할 수 있는 차종
고속도로 외의 도로	편도 4차로	1차로	승용자동차, 중 · 소형 승합자동차
		2차로	
		3차로	대형 승합자동차, 적재중량이 1.5톤 이하인 화물자동차
		4차로	적재중량이 1.5톤을 초과하는 화물자동차, 특수자동차, 건설기계, 이륜자동차, 원동기장치자전거, 자전거 및 우마차

도로		차로구분	통행할 수 있는 차종
고속도로 외의 도로	편도 3차로	1차로	승용자동차, 중·소형 승합자동차
		2차로	대형 승합자동차, 적재중량이 1.5톤 이하인 화물자동차
		3차로	적재중량이 1.5톤을 초과하는 화물자동차, 특수자동차, 건설기계, 이륜자동차, 원동기장치자전거, 자전거 및 우마차
	편도 2차로	1차로	승용자동차, 중·소형 승합자동차
		2차로	대형 승합자동차, 화물자동차, 특수자동차, 건설기계, 이륜자동차, 원동기장치자전거, 자전거 및 우마차
고속도로	편도 4차로	1차로	2차로가 주행차로인 자동차의 앞지르기 차로
		2차로	승용자동차, 중·소형 승합자동차
		3차로	대형 승합자동차 및 적재중량이 1.5톤 이하인 화물자동차의 주행차로
		4차로	적재중량이 1.5톤을 초과하는 화물자동차, 특수자동차 및 건설기계의 주행차로
	편도 3차로	1차로	2차로가 주행차로인 자동차의 앞지르기 차로
		2차로	승용자동차, 승합자동차의 주행차로
		3차로	화물자동차, 특수자동차 및 건설기계의 주행차로
	편도 2차로	1차로	앞지르기 차로
		2차로	모든 자동차의 주행차로

1. 유압식 동력조향장치의 주요 구성부 중에 최고유압을 규제하는 릴리프밸브가 있는 곳은?

① 동력부   ② 제어부
③ 안전점검부   ④ 작동부

2. ECS(Electronic Control Suspension)의 역할이 아닌 것은?

① 도로노면상태에 따라 승차감을 조절한다.
② 차량의 급제동 시 노스다운(nose down)을 방지한다.
③ 급커브 시 원심력에 의한 차량의 기울어짐을 방지한다.
④ 조향휠의 복원성을 향상시키고 타이어의 마멸을 방지한다.

3. '자동차 및 자동차부품의 성능과 기준에 관한 규칙'상 다음 빈 칸에 들어갈 알맞은 것은?

> 차량총중량이 (㉠) 이상이거나 최대적재량이 (㉡) 이상인 화물자동차·특수자동차 및 연결자동차는 안전기준에 적합한 측면보호대를, 차량총중량이 (㉢) 이상인 화물자동차·특수자동차 및 연결자동차는 안전기준에 적합한 후부안전판을 설치하여야 한다.

① ㉠ : 5톤, ㉡ : 3톤, ㉢ : 1.5톤
② ㉠ : 7톤, ㉡ : 3.5톤, ㉢ : 3톤
③ ㉠ : 8톤, ㉡ : 5톤, ㉢ : 3.5톤
④ ㉠ : 10톤, ㉡ : 8톤, ㉢ : 5톤

4. 트랜지스터의 대표적인 기능으로 릴레이와 같은 작용은?

① 스위칭작용   ② 채터링작용
③ 정류작용   ④ 상호유도작용

5. 저속시미현상의 원인이다. 관계없는 것은?

① 숔업소버의 작동 불량

② 앞현가스프링의 쇠약

③ 앞바퀴 공기압의 불균등

④ 타이어공기압 과대

6. 노크센서는 무엇으로 노킹을 판단하는가?

① 배기소음

② 배출가스압력

③ 엔진블록의 진동

④ 흡기다기관의 진공

7. 다음 중 디젤기관의 착화지연기간에 대한 설명으로 맞는 것은?

① 착화지연기간은 제어연소기간과 같은 뜻이다.

② 착화지연기간이 길어지면 디젤노크가 발생한다.

③ 착화지연기간이 길어지면 후기 연소기간이 없어진다.

④ 착화지연기간은 연료의 성분과 관계가 없다.

8. 12V-36W의 전구에 6V 전압이 인가되면 전력은?

① 6W

② 9W

③ 12W

④ 15W

9. 자동변속기에서 토크컨버터와 유체클러치의 토크비가 같아지는 시기는?

① 스톨포인트

② 출발할 때

③ 후진할 때

④ 클러치포인트

10. 디젤기관 노크(diesel engine knock)의 설명으로 가장 거리가 먼 것은?

① 디젤기관 노크는 주로 연소 초기에 발생하나, 가솔린기관 노크는 연소 후기에 발생한다.

② 실린더 내의 압력이 급상승하여 소음과 이상진동을 동반한다.

③ 노크가 심하면 피스톤과 실린더에 과부하가 걸리며 출력이 상승된다.

④ 디젤기관에서 노크를 방지하려면 착화지연기간을 짧게 하여야 한다.

11. 대형 디젤엔진에서 사용하는 직접분사식에 관한 설명으로 틀린 것은?

① 연료분사는 분사노즐을 통해 200~400kgf/cm^{2}의 고압으로 방사성 분사한다.

② 연소실형상이 단순하여 열손실이 작다.

③ 압축행정 중 열손실이 작아 압축온도가 높기 때문에 압축비가 12~15로 낮아도 예열장치가 불필요하다.

④ 피스톤과 실린더로의 전열이 크고 불균일한 온도 상승으로 열적장애가 크다.

12. 완전충전된 축전지를 방전종지전압까지 방전하는 데 20A로 5시간 걸렸고, 이것을 다시 완전충전하는 데 10A로 12시간 걸렸다면 이 축전지의 효율은?

① 약 63% ② 약 73%

③ 약 83% ④ 약 93%

13. 축전지를 충전할 때 충전기 하나로 여러 개의 축전지를 충전하려면 직렬로 연결하는 것이 병렬로 연결하는 것보다 좋은 이유로 가장 적절한 것은?

① 일정전류로 충전되기 때문에 안전하다.

② 직렬연결이므로 용량이 증대되어 빨리 충전된다.

③ 전압이 증가하므로 충전하는 데 시간을 줄일 수 있다.

④ 충전전류를 크게 할 수 있어 축전지에 좋다.

14. 기관의 회전수가 2,400rpm, 변속비는 1.5, 종감속비가 4.0일 때 링기어는 몇 회전하는가?

① 400rpm ② 600rpm

③ 800rpm ④ 1,000rpm

15. 「도로교통법」상 도로의 통행방법·통행구분 등 도로교통의 안전을 위하여 도로사용자에게 이에 따르도록 알리는 표지는?

① 지시표지 ② 규제표지

③ 주의표지 ④ 보조표지

16. 다음 중 운전면허행정처분 벌점 30점의 위반행위는?

① 앞지르기 금지 위반 ② 제한속도 20km/h 초과 운전

③ 고속도로 버스전용차로 통행 위반 ④ 일반도로 버스전용도로 통행 위반

17. 다음 중 교통안전교육에 대한 설명으로 틀린 것은?

① 운전면허를 받고자 하는 사람은 교통안전교육을 받아야 한다.

② 교통안전교육의 교재는 교통안전교육기관 또는 자동차운전전문학원연합회에서 제작한다.

③ 경찰청장은 교통안전교육을 받는 사람에 대하여 교육확인증을 발급하여야 한다.

④ 교통안전교육은 시청각교육 등의 방법으로 1시간 실시한다.

18. 「특정범죄가중처벌 등에 관한 법률」 제5조의3에 의하면 "사고운전자가 피해자를 사고장소로부터 옮겨 유기하고 도주한 경우, 피해자가 치상한 때에는 (   ) 이상의 유기징역에 처한다"에서 (   )에 알맞은 것은?

① 1년

② 2년

③ 3년

④ 5년

19. 다음은 「도로교통법」상 교통정리가 없는 교차로에 들어가고자 하는 차의 운전자가 지켜야 할 양보운전방법이다. 틀린 것은?

① 이미 교차로에 들어가 있는 다른 차가 있는 경우에는 진로를 양보하여야 한다.

② 폭이 넓은 도로에 있는 다른 차가 교차로에 들어가려고 하는 경우 진로를 양보하여야 한다.

③ 도로폭이 같고 우선순위가 같은 차가 동시에 들어가고 하는 경우에는 좌측도로의 차에서 진로를 양보하여야 한다.

④ 좌회전하고자 하는 차의 운전자는 직진하거나 우회전하려는 다른 차가 있는 경우 진로를 양보하여야 한다.

20. 신규등록 신청을 위해 자동차 임시운행허가를 받은 경우 임시운행허가증 반납기한은?

① 임시운행허가기간 내

② 임시운행허가기간이 만료된 날부터 5일 이내

③ 임시운행허가기간이 만료된 날부터 10일 이내

④ 신규등록한 날부터 5일 이내

제4회 정답 및 해설

1. **정답** ①
해설 동력조향장치의 구성장치
① 동력부 : 오일펌프 – 유압을 발생
② 작동부 : 동력실린더 – 보조력을 발생
③ 제어부 : 제어밸브 – 오일통로를 변경
※ 릴리프밸브는 유압을 발생하는 동력부(오일펌프)에 설치되어 있다.

2. **정답** ④
해설 ECS의 특징
① 노면상태에 따라 승차감을 조절
② 노면으로부터 차량높이 조절
③ 급제동 시 노스다운(nose down)을 방지
④ 급선회 시 차체의 기울어짐 방지

3. **정답** ③
해설 「자동차 및 자동차부품의 성능과 기준에 관한 규칙」 제19조(차대 및 차체)
③ 차량총중량이 8톤 이상이거나 최대적재량이 5톤 이상인 화물자동차·특수자동차 및 연결자동차는 포장노면 위의 공차상태에서 다음 각 호의 기준에 적합한 측면보호대를 설치하여야 한다.
④ 차량총중량이 3.5톤 이상인 화물자동차·특수자동차 및 연결자동차는 포장노면 위에서 공차상태로 측정하였을 때에 다음 각 호의 기준에 적합한 후부안전판을 설치하여야 한다.

4. **정답** ①
해설 트랜지스터는 증폭작용과 릴레이와 같은 스위칭작용을 한다.

5. **정답** ④
해설 저속시미의 원인
① 각 연결부의 볼조인트가 마멸되었다.
② 링키지의 연결부가 마멸되어 헐겁다.
③ 타이어의 공기압력이 낮다.
④ 앞바퀴 정렬의 조정이 불량하다.

⑤ 스프링정수가 적다.
⑥ 휠 또는 타이어가 변형되었다.
⑦ 좌 · 우타이어의 공기압력이 다르다.
⑧ 조향기어가 마모되었다.
⑨ 앞현가장치(쇽업소버, 스프링 등)가 불량하다.

6. 정답 ③

해설 ① 실린더블록에 설치되어 노킹 시 고주파진동을 전기신호로 변환하여 컴퓨터에 입력시킨다.
② 노킹이 발생되면 점화시기를 변화시켜 노킹을 방지한다.
③ 노킹이 발생되면 점화시기를 지각시켜 엔진을 정상적으로 작동시킨다.

7. 정답 ②

해설 착화지연기간은 연료가 연소실 내에 분사되어 착화될 때까지의 기간을 말하며, 연료가 분사되어 압축열을 흡수하여 불이 붙기까지의 기간이다. 디젤기관에서 착화지연기간이 길어지면 연료가 한꺼번에 연소하므로 디젤노크가 발생한다.

8. 정답 ②

해설 ① 36W 전구의 저항 $R = \dfrac{E^2}{P} = \dfrac{12 \times 12}{36} = 4\,\Omega$

② 6V 전압이 인가될 때의 전력 $P = \dfrac{E^2}{R} = \dfrac{6 \times 6}{4} = 9\text{W}$

9. 정답 ④

해설 토크컨버터 및 유체클러치에서 터빈의 회전속도가 펌프의 회전속도에 가까워져서 기계식 클러치와 같은 기능이 시작하는 점을 클러치포인트라 하며, 이 점에서 토크컨버터와 유체클러치의 토크비가 같아진다.

10. 정답 ③

해설 노크가 발생하면 기관의 과열 발생, 피스톤 및 실린더벽의 손상과 더불어 기관의 출력이 저하된다.

11. 정답 ④

해설 직접분사식의 특징
① 연료분사는 분사노즐을 통해 200~400kgf/cm^{2}의 고압으로 방사성 분사한다.
② 연소실형상이 단순하여 열손실이 작다.
③ 압축행정 중 열손실이 작아 압축온도가 높기 때문에 압축비가 12~15 : 1 정도로 낮아도 예열장치가 불필요하다.

12. 정답 ③

해설 $$효율 = \frac{방전\ 시\ 용량(AH)}{충전\ 시\ 용량(AH)} \times 100(\%)$$

$$\therefore \frac{20 \times 5}{10 \times 12} \times 100 = 83.3\%$$

13. 정답 ①

해설 축전지를 충전할 때 충전기 하나로 여러 개의 축전지를 충전하려면 직렬로 연결하는 것이 병렬로 연결하는 것보다 좋은 이유는 일정전류로 충전되기 때문에 안전하다.

14. 정답 ①

해설 $$링기어\ 회전수 = \frac{엔진회전수}{종감속비} = \frac{2,400rpm}{15 \times 4} = 400rpm$$

15. 정답 ①

해설 ② 도로교통의 안전을 위하여 각종 제한 · 금지 등의 규제를 하는 경우에 이를 도로사용자에게 알리는 표지
③ 도로상태가 위험하거나 도로 또는 그 부근에 위험물이 있는 경우에 필요한 안전조치를 할 수 있도록 이를 도로사용자에게 알리는 표지
④ 주의표지 · 규제표지 또는 지시표지의 주기능을 보충하여 도로사용자에게 알리는 표지

16. 정답 ③

해설 벌점 30점의 위반행위
① 통행구분 위반(중앙선 침범에 한함)
② 속도 위반(40km/h 초과 60km/h 이하)
③ 철길건널목통과방법 위반
④ 고속도로 · 자동차전용도로 갓길통행
⑤ 고속도로 버스전용차로 · 다인승전용차로 통행 위반
⑥ 운전면허증 등의 제시의무 위반 또는 운전자 신분확인을 위한 경찰공무원의 질문에 불응

17. 정답 ③

해설 교통안전교육기관의 장 또는 도로교통공단의 이사장은 교통안전교육을 받은 사람에 대하여는 교육확인증을 발급하여야 한다(「도로교통법 시행규칙」 제46조 제4항).

18. 정답 ③

해설 「특정범죄가중처벌 등에 관한 법」에 의하면 사고운전자가 피해자를 사고장소로부터 옮겨 유기하고 도주한 경우 피해자가 치상한 때에는 3년 이상의 유기징역에 처한다.

19. 정답 ③

해설 교통정리가 없는 교차로에서 도로폭이 같고 우선순위가 같은 차가 동시에 들어가고자 하는 경우에는 우측도로의 차에게 진로를 양보하여야 한다. 교통정리가 없는 교차로에서 교차로 통행우선순위는 선 진입차 → 폭이 넓은 도로의 차 → 우측도로의 차 순이다.

20. 정답 ①

해설 「자동차관리법 시행규칙(임시운행허가번호판등의 반납 등)」 제29조 제1항
임시운행허가를 받은 자는 임시운행허가증 및 임시운행허가번호판을 임시운행허가기간이 만료된 날부터 5일 이내에 시·도지사에게 반납하여야 한다. 다만, 신규등록 신청을 위하여 임시운행허가를 받은 자가 다음 각 호의 어느 하나에 해당하는 경우에는 임시운행허가증 및 임시운행허가번호판을 임시운행허가기간 내에 시·도지사에게 반납하여야 한다.
1. 신규등록을 신청하는 경우
2. 임시운행허가기간 내에 신규등록을 신청할 수 없는 경우

파이널 모의고사

1. 가솔린엔진에서 노킹 발생 시의 현상을 나타낸 것이다. 틀린 것은?

① 기관의 출력이 떨어진다.　　② 최고압력이 높아진다.

③ 배기가스색이 흑색이 된다.　　④ 연소실 내의 온도가 하강한다.

2. 전자제어가솔린엔진에서 연료펌프 내부에 있는 체크(check)밸브가 하는 역할은?

① 차량의 전복 시 화재 발생을 막기 위해 휘발유 유출을 방지한다.

② 연료라인의 과도한 연료압 상승을 방지한다.

③ 엔진정지 시 연료라인 내의 연료압을 일정하게 유지시켜 베이퍼록(vapor lock) 현상을 방지한다.

④ 연료라인에 적정압력이 상승될 때까지 시간을 지연시킨다.

3. 전기자동차용 전동기에 요구되는 조건으로 틀린 것은?

① 속도제어가 용이해야 한다.　　② 충전시간은 길어야 한다.

③ 구동토크가 커야 한다.　　④ 취급 및 보수가 간편해야 한다.

4. 드럼브레이크와 비교하여 디스크브레이크의 단점이 아닌 것은?

① 패드를 강도가 큰 재료로 제작해야 한다.

② 한쪽만 브레이크되는 경우가 많다.

③ 마찰면적이 적어 압착력이 커야 한다.

④ 자기작동작용이 없어 제동력이 커야 한다.

5. 자동차의 전자제어 현가장치에서 차고조정의 정지조건을 열거하였다. 부적합한 것은?

① 커브길 급선회 시　　② 급정지 시

③ 급가속 시　　④ 주행 중

6. 저항에 대한 설명으로 틀린 것은?

① 형상 및 온도(20℃)를 일정하게 하였을 때 물질의 저항을 고유저항이라고 한다.
② 도체의 저항은 그 길이에 비례하고, 단면적에 반비례한다.
③ 고유저항이 큰 물질을 절연체라고 한다.
④ 금속은 온도가 상승하면 저항이 감소하고, 탄소, 반도체, 절연물 등은 반대로 증가한다.

7. 광전식 크랭크각센서나 조향각센서 등에 사용되며, 입사광선을 받으면 전류가 흐르게 되는 반도체는?

① 포토다이오드 ② 발광다이오드
③ 제너다이오드 ④ 트랜지스터

8. 제4속 감속비가 1이고, 종감속비가 6인 자동차의 엔진을 1,800rpm으로 회전시켰다. 이때 왼쪽 바퀴는 고정시키고, 오른쪽 바퀴만 회전시킬 때 오른쪽 바퀴의 회전수는?

① 360rpm ② 600rpm
③ 1,200rpm ④ 1,800rpm

9. 엔진의 온도에 따라 팬의 회전수를 바꾸어 엔진의 냉각풍량을 조절할 수 있는 유체커플링의 장점이 아닌 것은?

① 엔진의 출력손실을 줄인다.
② 엔진워밍업시간을 연장시킬 수 있다.
③ 연료소비량이 절약된다.
④ 엔진의 과냉·과열을 방지한다.

10. 유압식 브레이크장치에서 잔압의 필요성이 아닌 것은?

① 베이퍼록 방지
② 작동 늦음 방지
③ 타이어록 방지
④ 휠실린더오일 누출 방지

11. 자동차동제한장치(LSD)의 특징 설명으로 틀린 것은?

① 미끄러지기 쉬운 모랫길이나 습지 등과 같은 노면에서 출발이 용이

② 타이어의 수명을 연장

③ 직진주행 시에는 좌우바퀴의 구동력오차로 인하여 안정된 주행

④ 요철노면주행 시 후부의 흔들림을 방지

12. MF(Maintenance Free)축전지의 특징으로 잘못된 것은?

① 자기방전율이 낮다.

② 장시간 보관할 수 있다.

③ 증류수를 보충하지 않아도 된다.

④ 양극판이 음극판보다 1장 더 많다.

13. 기관 본체의 크랭크축베어링 정비 시에 참고해야 할 다음의 설명 중 '이것'에 해당되는 것은?

> '이것'은 베어링의 바깥둘레와 하우징 안둘레와의 차이를 두는 것을 말하며, '이것'이 너무 크면 베어링의 안쪽 면이 찌그러져 저널에 긁힘이 생기고, 너무 작으면 엔진작동 중 온도의 변화로 헐거워져서 베어링저널을 따라 움직이게 되고 베어링의 열전도성이 떨어지게 된다.

① 베어링스프레드(bearing spread)

② 베어링크러시(bearing crush)

③ 베어링러그(bearing lug)

④ 베어링스러스트(bearing thrust)

14. 오버드라이브에 대한 설명 중 옳은 것은?

① 토크를 증가시킬 때 사용한다.

② 무부하상태에서 사용한다.

③ 변속기의 입력축 회전속도보다 출력축 회전속도를 빠르게 한다.

④ 언덕길을 올라갈 때 사용한다.

15. 다음 안전표지에 대한 설명으로 틀린 것은?

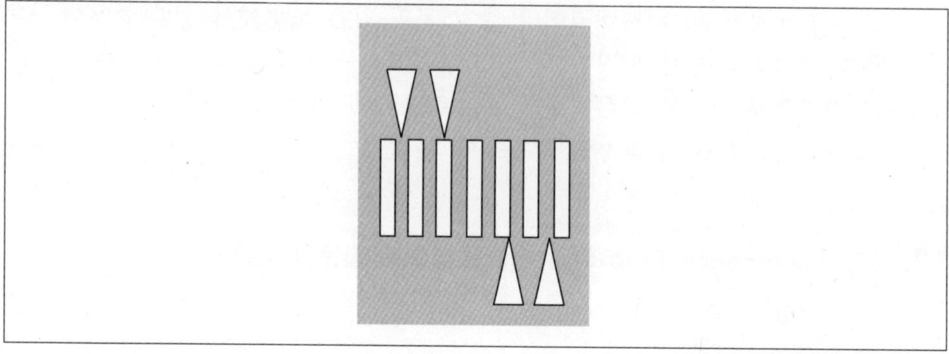

① 볼록사다리꼴 가속방지턱형태로 하며, 높이는 10cm로 한다.

② 모든 도로에 설치할 수 있다.

③ 고원식 횡단보도표시이다.

④ 운전자의 주의를 환기시킬 필요가 있는 지점에 설치한다.

16. 승용차 운전자가 어린이를 태우고 있다고 표시를 하고 도로를 통행하는 어린이통학버스를 앞지르기한 경우에 처벌기준으로 맞는 것은?

① 벌점 10점, 범칙금 4만원 부과

② 벌점 15점, 범칙금 6만원 부과

③ 벌점 30점, 범칙금 8만원 부과

④ 벌점 30점, 범칙금 9만원 부과

17. 다음 〈보기〉 중 무면허운전에 해당하는 경우를 모두 고르면?

가. 운전면허징지기간 중 운전

나. 제1종 대형면허로 400cc 이륜자동차운전

다. 제1종 보통면허로 12인승 승합긴급자동차운전

라. 제1종 특수면허로 승용자동차운전

마. 제2종 보통면허로 승용긴급자동차운전

① 가, 다, 마　　　　　② 가, 라, 마

③ 가, 나, 마　　　　　④ 나, 다, 마

18. 편도 1차로를 진행하는 승용차량이 신호등 없는 횡단보도에 이르러 부주의로 피해자를 들이받아 경상을 입게 하였다. 가해차량이 종합보험에 가입되어 있거나 피해자와 합의해도 형사처벌받는 사고는?

① 횡단보도를 이용하여 이륜차를 끌고 가는 사람을 충격한 사고
② 횡단보도를 이용하여 자전거를 타고 가는 사람을 충격한 사고
③ 횡단보도를 벗어나서 건너던 노인보행자를 충격한 사고
④ 술에 취해 횡단보도와 보도에 걸쳐서 앉아있는 사람을 충격한 사고

19. 다음 중 주차금지장소를 설명한 것으로 틀린 것은?

① 소화전 또는 소화용 방화물통의 흡수구나 흡수관을 넣는 구멍으로부터 5m 이내
② 화재경보기로부터 5m 이내인 곳
③ 터널 안 및 다리 위
④ 도로공사를 하고 있는 경우에는 그 공사구역의 양쪽 가장자리부터 5m 이내인 곳

20. 고속도로에서 신호기와 교통안전시설의 설치관리자는?

① 시 · 도지사　　　　　　② 관할경찰서장
③ 지방경찰청장　　　　　④ 고속도로관리자

제5회 정답 및 해설

1. **정답** ④

해설 가솔린엔진에서 노킹 발생 시 현상
① 기관의 출력이 떨어진다.
② 최고압력이 높아진다.
③ 배기가스색이 흑색이 된다.
④ 연소실 내의 온도가 높아진다.

2. **정답** ③

해설 연료펌프의 체크밸브는 연료펌프가 작동을 멈출 때 연료의 출구를 막아 연료의 역류를 방지하며, 잔압을 유지하여 고온에 의한 베이퍼록을 방지하고 재시동성을 향상시킨다.

3. **정답** ②

해설 전기자동차용 전동기에 요구되는 조건
① 속도제어가 용이해야 한다.
② 충전시간은 짧아야 한다.
③ 구동토크가 커야 한다.
④ 취급 및 보수가 간편해야 한다.

4. **정답** ②

해설 디스크브레이크의 특징
① 구조가 간단하다.
② 디스크가 대기 중에 노출되어 냉각효과가 크다.
③ 방열이 잘 되어 페이드현상이 적고, 디스크에 물이 묻어도 제동력의 회복이 빠르다.
④ 부품의 평형이 좋고 한쪽만 제동되는 일이 적다.
⑤ 자기작동이 없으므로 페달조작력이 커야 한다.
⑥ 마찰면적이 적어 패드의 강도가 커야 하고 패드의 마멸이 크다.

5. **정답** ④

해설 전자제어 현가장치에서 차고조정의 정지조건은 커브길을 급선회할 때, 급정지할 때, 급가속할 때이다.

6. 정답 ④

해설 금속은 온도가 상승하면 저항이 증가하고, 탄소, 반도체, 절연물 등은 반대로 감소한다.

7. 정답 ①

해설 반도체의 기능
① 포토다이오드 : 빛을 전기로 변화하는 다이오드로서 PN형 접합면이 빛을 받으면 전자가 궤도를 이탈하여 저항이 감소되므로 역방향으로 전류가 흐르게 된다.
② 발광다이오드 : 순방향으로 전류를 흐르게 하면 빛을 발생하는 다이오드로서 방전광램프보다 낮은 전압에서 발광하며, 백열전구보다 전력손실이 적다.
③ 제너다이오드 : PN형 반도체에 불순물의 양을 증가시켜 제너전압보다 높은 역방향의 전압을 가하면 역방향으로 전류가 급격히 흐르지만 전압은 일정한 정전압이 적용한다.
④ 트랜지스터 : 실리콘이나 게르마늄을 주성분으로 한 반도체를 조합하여 전류의 정류·증폭 및 단속(스위치) 등의 작용을 하는 전자부품의 총칭이다.

8. 정답 ②

해설 $T_R = \dfrac{E_N}{R_t \times R_f} \times 2$ [T_R : 바퀴회전수, E_N : 엔진회전수, R_t : 변속비, R_f : 종감속비]

$\therefore \dfrac{1,800}{1 \times 6} \times 2 = 600\text{rpm}$

9. 정답 ②

해설 유체커플링팬의 장점
① 엔진의 출력손실을 줄인다.
② 연료소비량이 절약된다.
③ 엔진의 과냉 및 과열을 방지한다.
④ 엔진워밍업시간을 단축시킬 수 있다.

10. 정답 ③

해설 유압브레이크회로 내의 잔압의 역할
① 브레이크작동의 늦음을 방지한다.
② 유압회로 내에 공기가 유입되는 것을 방지한다.
③ 베이퍼록을 방지한다.
④ 휠실린더에서의 오일 누출을 방지한다.

11. 정답 ③

해설 직진주행 시에는 좌우바퀴의 구동력오차가 발생되지 않아 차동제한장치가 작동하지 않는다.

12. **정답** ④

해설 MF(Maintenance Free)축전지의 특징

① 자기방전율이 낮다.

② 장시간 보관할 수 있다.

③ 증류수를 보충하지 않아도 된다.

④ 충전 중에 발생하는 산소와 수소가스를 환원시키는 촉매 마개를 두고 있다.

13. **정답** ②

해설 베어링크러시(bearing crush) : 베어링 바깥둘레와 하우징 안둘레의 차이로, 차이를 두는 이유는 조립 시 밀착을 양호(작동 중 유동 방지)하게 하여 열전도(과열 방지)를 좋게 한다.

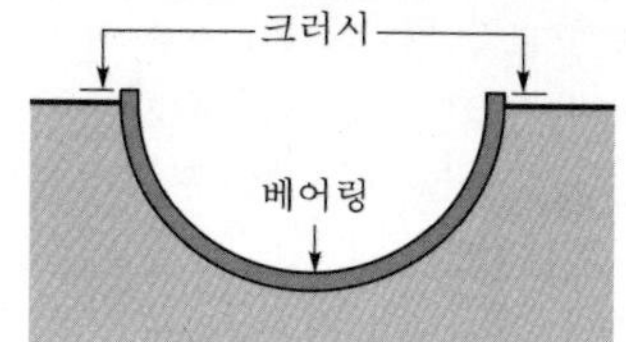

14. **정답** ③

해설 오버드라이브란 변속기의 입력축 회전속도보다 출력축 회전속도를 빠르게 하는 장치이다.

15. **정답** ②

해설 고원식 횡단보도(533) 노면표시

제한속도를 30km/h 이하로 제한할 필요가 있는 도로에서 횡단보도임을 표시하는 것이다.

① 제한속도를 30km/h 이하로 제한할 필요가 있는 도로에서 횡단보도를 노면보다 높게 하여 운전자의 주의를 환기시킬 필요가 있는 지점에 설치한다.

② 횡단보도의 형태 및 높이는 '볼록사다리꼴 과속방지턱'형태로 하며, 높이는 10cm로 한다.

16. **정답** ④

해설 어린이통학버스 관련 위반행위별 범칙금액 및 벌점

위반행위	근거 법조문 (도로교통법)	금액 및 벌점	
		승합	승용
어린이통학버스 운전자 의무 위반 • 어린이 승 · 하차표시(표시등 작동) • 안전한 승 · 하차 확인 등	제53조 제1 · 2항, 제53조의2	13만원 (벌점 30점)	12만원 (벌점 30점)
어린이통학버스 운영자 의무 위반 • 보호자 미탑승	제53조 제3항	13만원	12만원
어린이통학버스 특별보호 위반 • 통학버스 앞지르기 금지 • 어린이가 승 · 하차 중일 때 일시정지 후 서행 등	제51조	10만원 (벌점 30점)	9만원 (벌점 30점)

17. 정답 ③

해설 · 나 : 제1종 소형면허가 필요하므로 무면허운전이다.

· 다 : 제1종 보통면허로는 15인승이하 승합자동차나 12인승 이하 긴급자동차(승합 및 승용자동차)의 운전이 가능하므로 무면허운전이 아니다.

· 라 : 제1종 특수면허로 제2종 보통면허인 승용자동차를 운전할 수 있으므로 무면허운전이 아니다.

· 마 : 승용긴급자동차는 제2종 보통면허의 차량에 해당되지 않으므로 무면허운전이다.

18. 정답 ①

해설 횡단보도사고는 11대 중과실 중 하나이므로 횡단보도를 걸어가는 사람을 다치게 했을 경우 가해차량이 종합보험에 가입되어 있거나 피해자와 합의해도 형사처벌을 받게 된다. 이륜차를 끌고 횡단보도를 통행할 때는 보행자로 간주하고, 자전거를 타고 횡단보도를 통행할 때는 보행자로 간주하지 않고 재차로 간주한다.

19. 정답 ②

해설 주차금지의 장소(법 제33조)

1. 터널 안 및 다리 위
2. 화재경보기로부터 3m 이내의 곳
3. 다음의 곳으로부터 5m 이내의 곳
   · 소방용 기계 · 기구가 설치된 곳
   · 소방용 방화물통
   · 소화전 또는 소화용 방화물통의 흡수구나 흡수관을 넣는 구멍
   · 도로공사를 하고 있는 경우에는 그 공사구역의 양쪽 가장자리
4. 지방경찰청장이 도로에서의 위험을 방지하고 교통의 안전과 원활한 소통을 확보하기 위하여 필요하다고 인정하여 지정한 곳

20. 정답 ④

해설 고속도로의 관리자는 고속도로에서 일어나는 위험을 방지하고 교통의 안전과 원활한 소통을 확보하기 위하여 교통안전시설을 설치 · 관리하여야 한다(법 제59조 제1항).

제6회 파이널 모의고사

1. 조향장치의 구비조건이 아닌 것은?

① 조향조작이 주행 중의 충격에 영향을 받지 않을 것
② 조향핸들의 회전과 바퀴의 선회차이가 클 것
③ 고속주행에서도 조향핸들이 안정될 것
④ 선회 시 회전각과 선회반경의 관계를 예측할 수 있을 것

2. 맥퍼슨형식의 현가장치에 관한 특징이 아닌 것은?

① 구조가 간단하고 정비하기 쉽다.
② 스프링 아래 질량이 작아 로드홀딩이 우수하다.
③ SLA형식에 비해 캠버의 변화가 크다.
④ 엔진룸을 크게 할 수 있다.

3. 피스톤간극(piston clearance)측정은 어느 부분에 시크니스게이지(thickness gauge)를 넣고 하는가?

① 피스톤링지대   ② 피스톤스커트부
③ 피스톤보스부   ④ 피스톤링지대 윗부분

4. 납산축전지에 대한 설명으로 맞는 것은?

① 축전지의 양극판은 해면상납으로 만들어졌다.
② 축전지의 용량은 전류×시간으로 나타낸다.
③ 12V 축전지는 12개의 셀이 직렬로 연결되어 있다.
④ 동일한 축전지 2개를 직렬접속하면 전압, 용량 모두 2배가 된다.

5. 전자제어 현가장치에서 조향휠의 좌우회전방향을 검출하여 차체의 롤링(rolling)을 예측하기 위한 센서는?

① 차속센서   ② 조향각센서
③ G센서   ④ 차고센서

6. 주행 중 조향휠이 한쪽으로 치우칠 경우 예상되는 원인이 아닌 것은?

① 타이어 편마모
② 휠얼라인먼트에 오일 부착
③ 안쪽 앞 코일스프링 약화
④ 휠얼라인먼트 조정 불량

7. 기관의 회전속도가 1,800rpm, 변속기의 변속비가 1 : 1, 종감속비가 6 : 1인 자동차에서 오른쪽 바퀴를 고정시키고 왼쪽 바퀴만을 회전토록 한다면 회전수는 몇 rpm인가?

① 100
② 200
③ 300
④ 600

8. 다음 그림은 가솔린기관의 공연비와 배출가스농도의 관계를 나타낸 것이다. (1)의 곡선이 나타내는 성분은?

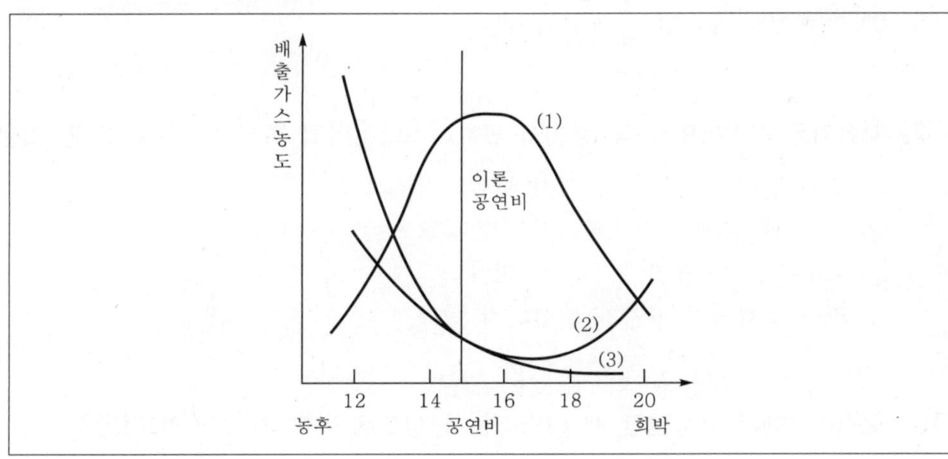

① CO
② NOx
③ HC
④ SOx

9. 냉각장치에서 사용되는 부동액의 종류에 해당되지 않는 것은?

① 에틸렌글리콜
② 메탄올
③ 글리세린
④ 에탄올

10. 다음 사항에서 기관의 분해정비시기를 모두 고른 것은?

> 가. 압축압력 70% 이하일 때 나. 압축압력 80% 이하일 때
>
> 다. 연료소비율 60% 이상일 때 라. 연료소비율 50% 이상일 때
>
> 마. 오일소비량 50% 이상일 때 바. 오일소비량 50% 이하일 때

① 가, 다, 바 ② 가, 다, 마

③ 나, 다, 바 ④ 나, 라, 바

11. 기동전동기의 필요회전력에 대한 수식은?

① 크랭크축회전력 $\times \dfrac{\text{링기어잇수}}{\text{피니언기어잇수}}$

② 캠축회전력 $\times \dfrac{\text{피니언기어잇수}}{\text{링기어잇수}}$

③ 크랭크축회전력 $\times \dfrac{\text{피니언기어잇수}}{\text{링기어잇수}}$

④ 캠축회전력 $\times \dfrac{\text{링기어잇수}}{\text{피니언기어잇수}}$

12. 자동차용 타이어의 종류 중에서 튜브리스타이어의 특징으로 거리가 먼 것은?

① 못에 찔려도 공기가 급격히 누설되지 않는다.

② 유리조각 등에 의해 찢어지는 손상도 수리가 쉽다.

③ 고속주행 시 발열이 비교적 적다.

④ 림이 변형되면 공기가 누설되기 쉽다.

13. 냉각수온센서 고장판단 시 나타나는 현상으로 가장 거리가 먼 것은?

① 엔진이 정지 ② 공전속도가 불안정

③ 웜업 후 검은 연기배출 ④ CO 및 HC 증가

14. 알칼리축전지의 설명으로 틀린 것은?

① 과충전, 과방전 등 가혹한 조건에 잘 견딘다.

② 고율방전성능이 매우 우수하다.

③ 출력밀도(W/kg)가 크다.

④ 극판은 납과 칼슘합금으로 구성된다.

15. 편도 1차로 도로의 오른쪽은 도로공사 중이다. 공사에 따른 안전을 위하여 공사장
인부가 수신호를 하고 있고, 그 수신호를 따라 진행하던 운전자는 공사로 인하여
중앙선을 넘어 진행하는 과정에서 마주 오는 자동차와 충돌하는 교통사고가 발생
되었다. 공사장 인부의 수신호에 따라 진행한 운전자의 형사책임으로 적합한 것은?

① 수신호는 신호기에 의한 신호보다 우선하므로 수신호에 따라 진행하였기 때문
에 책임이 없다.

② 도로공사 등은 부득이한 사유에 해당하기 때문에 좌측통행 중에 발생한 사고는
책임이 없다.

③ 중앙선이 설치된 도로에서 중앙선을 침범하여 진행하였기 때문에 중앙선 침범
책임이 있다.

④ 수신호에 따라 진행한 운전자는 책임이 없지만 상대방 자동차운전자에게는 책임
이 있다.

16. 「도로교통법」상 차의 운전자가 업무상 필요한 주의를 게을리하거나 중대한 과실로
다른 사람의 건조물이나 그 밖의 재물을 손괴한 때에는?

① 2년 이하의 금고나 500만원 이하의 벌금에 처한다.

② 3년 이하의 징역이나 1천만원 이하의 벌금에 처한다.

③ 5년 이하의 징역이나 2천만원 이하의 벌금에 처한다.

④ 1년 이하의 징역이나 300만원 이하의 벌금에 처한다.

17. 운전면허가 취소된 후 3년이 경과되어야 운전면허시험에 응시할 수 있는 것은?

① 무면허운전사고

② 교통사고 야기 후 도주

③ 음주운전사고 야기 후 도주

④ 음주운전으로 3회 이상 교통사고 야기 시

18. 긴급자동차가 사이렌을 울리거나 경광등을 켜지 않고 우선통행 및 긴급자동차에
대한 특례를 적용받을 수 있는 경우는?

① 속도위반차량을 단속하는 경찰차

② 범죄수사를 위하여 사용되는 자동차

③ 도로상의 위험을 방지하기 위한 응급작업에 사용되는 자동차

④ 민방위업무를 수행하는 기관에서 긴급복구를 위한 출동에 사용되는 자동차

19. 보도와 차도가 구분되지 아니한 양방통행도로에서의 보행자의 통행방법은?

① 차마를 마주 보지 않는 방향의 길 가장자리 또는 길 가장자리구역으로 통행하여
야 한다.

② 차마와 마주 보는 방향의 길 가장자리 또는 길 가장자리구역으로 통행하여야 한다.

③ 도로의 좌측 또는 중앙선구역으로 통행하여야 한다.

④ 도로의 우측 또는 중앙선구역으로 통행하여야 한다.

20. 자동차등록번호판 또는 그 봉인을 뗀 자에 대한 벌칙은?

① 6개월 이하의 징역 또는 200만원 이하의 벌금에 처한다.

② 1년 이하의 징역 또는 300만원 이하의 벌금에 처한다.

③ 2년 이하의 징역 또는 300만원 이하의 벌금에 처한다.

④ 3년 이하의 징역 또는 500만원 이하의 벌금에 처한다.

제6회 정답 및 해설

1. **정답** ②

해설 조향장치의 구비조건
① 조향조작이 주행 중 발생되는 충격에 영향을 받지 않을 것
② 조작하기 쉽고 방향변환이 원활하게 이루어질 것
③ 회전반경이 작아서 좁은 곳에서도 방향변환이 원활하게 이루어질 것
④ 주행 중 섀시 및 보디에 무리한 힘이 작용되지 않을 것
⑤ 고속주행에서도 조향핸들이 안정될 것
⑥ 조향핸들의 회전과 바퀴의 선회차이가 크지 않을 것
⑦ 수명이 길고 조작이나 정비가 쉬울 것

2. **정답** ③

해설 맥퍼슨형식의 특징
① 구성부품이 적어 구조가 간단하다.
② 위시본형식에 비해 정비가 용이하다.
③ 엔진룸의 유효체적이 넓다.
④ 승차감이 향상된다.
⑤ 스프링 밑 질량이 적어 로드홀딩이 우수하다.

3. **정답** ②

해설 피스톤간극은 엔진의 작동 중 열팽창을 고려하여 두며, 실린더 최대내경과 피스톤 최대외경과
의 간극이다.

4. **정답** ②

해설 ① 축전지의 양극판은 과산화납, 음극판은 해면상납으로 만들어졌다.
② 12V 축전지는 6개의 셀이 직렬로 연결되어 있다.
③ 동일한 축전지 2개를 직렬접속하면 전압 2배, 병렬접속하면 용량이 2배가 된다.

5. **정답** ②

해설 센서의 기능
① 차속센서 : 변속기 출력축의 회전을 전기적인 펄스신호로 변환하여 ECU에 입력하여 자동
차의 높이 및 스프링상수, 쇽업소버의 감쇠력을 조정한다.

② 조향각센서 : 운전자의 조향의도를 검출하여 차속신호와 함께 선회 시 앤티롤제어의 신호로 이용한다.

③ G센서 : 차체에 가해지는 가속도를 검출하는 센서로 ECS, ABS, 에어백 등에 사용된다.

④ 차고센서 : 아래(low) 컨트롤암과 센서보디에 레버와 로드로 연결되며, 자동차의 앞 · 뒤에 각각 1개씩 설치되어 레버의 회전량이 센서에 전달되어 자동차의 높이변화에 따른 차축과 보디의 위치를 감지한다.

6. **정답** ②

해설 조향휠이 한쪽으로 쏠리는 원인

① 타이어 공기압이 불균일하다.

② 좌 · 우 축거가 다르다.

③ 좌 · 우 브레이크라이닝의 간극이 다르다.

④ 앞차축 한쪽의 현가스프링이 절손되었다.

⑤ 속업소버작동이 불량하다.

⑥ 휠얼라인먼트가 불량하다.

⑦ 뒤차축이 차의 중심선에 대하여 직각이 아니다.

7. **정답** ④

해설 바퀴회전속도 $=\dfrac{\text{기관회전속도}}{\text{변속비} \times \text{종감속비}} \times 2$

$$\therefore \frac{1,800}{1 \times 6} \times 2 = 600\text{rpm}$$

8. **정답** ②

해설 ① NOx : (1)번 곡선

② HC : (2)번 곡선

③ CO : (3)번 곡선

9. **정답** ④

해설 냉각장치에 사용되는 부동액의 종류에는 에틸렌글리콜, 메탄올, 글리세린 등이 있다.

10. **정답** ②

해설 엔진분해정비(overhaul)시기

① 오일소비량이 50% 이상일 때

② 연료소비율이 60% 이상일 때

③ 압축압력이 70% 이하일 때

11. 정답 ③

해설 기동전동기의 필요회전력엔진을 시동하려고 할 때 이 회전저항을 이겨내고 기동전동기로 크랭크축을 회전시키는 데 필요한 회전력을 시동소요회전력(=필요회전력)이라고 한다. 또한 기동전동기 소요회전력은 엔진플라이휠링기어와 기동전동기 피니언의 기어비(약 10~15 : 1)를 크게 하여 증대시킨다.

▶ 기동전동기의 소요회전력(필요회전력)

$$= 엔진의\ 회전저항 \times \frac{피니언의\ 잇수}{링기어의\ 잇수}$$

$$= 크랭크축회전력 \times \frac{피니언의\ 잇수}{링기어의\ 잇수}$$

$$= 크랭크축회전력(엔진의\ 회전저항) \times \frac{기동전동기의\ 피니언잇수}{플라이휠의\ 링기어잇수}$$

※ 위 3개가 다 같은 공식이다.

12. 정답 ②

해설 튜브리스타이어의 특징
① 고속주행을 하여도 발열이 적다.
② 튜브가 없기 때문에 중량이 가볍다.
③ 못 같은 것이 박혀도 공기가 잘 새지 않는다.
④ 펑크의 수리가 간단한다.
⑤ 유리조각 등에 의해 손상되면 수리하기가 어렵다.
⑥ 림이 변형되면 타이어와 밀착이 불량하여 공기가 노출되기 쉽다.

13. 정답 ①

해설 냉각수온센서가 고장나면 연비를 맞추기 어려워서 공전속도가 불안정하거나 배기가스가 증가한다. 또한 엔진시동이 불량하긴 하나 시동이 걸린 상태에서 엔진이 정지하지는 않는다.

14. 정답 ④

해설 알칼리축전지의 양극판은 수산화 제2니켈, 음극판은 카드뮴, 전해액은 알칼리용액으로 구성되어 있다.

15. 정답 ③

해설 「도로교통법」 제5조, 「도로교통법 시행령」 제6조에 따르면 법적효력이 있는 수신호권한자는 다음과 같다.
1. 국가경찰공무원(전투경찰순경 포함) 및 제주특별자치도의 자치경찰공무원
2. 전경, 의경
3. 모범운전자
4. 헌병

16. 정답 ①

해설 「도로교통법」 제151조

「도로교통법」상 차의 운전자가 업무상 필요한 주의를 게을리하거나 중대한 과실로 다른 사람의 건조물이나 그 밖의 재물을 손괴한 때에는 2년 이하의 금고나 500만원 이하의 벌금에 처한다.

17. 정답 ④

해설 술에 취한 상태에서 운전을 하다가 3회 이상 교통사고를 일으킨 경우에는 운전면허가 취소된 날부터 3년이 경과되어야 운전면허시험에 응시할 수 있다.

18. 정답 ①

해설 「도로교통법 시행령」 제3조 제1항

긴급자동차(제2조 제2항에 따라 긴급자동차로 보는 자동차는 제외)는 다음의 사항을 준수하여야 한다. 다만, 속도에 관한 규정을 위반하는 자동차 등을 단속하는 긴급자동차와 국내·외 요인(要人)에 대한 경호업무수행에 공무(公務)로 사용되는 자동차는 그러하지 아니하다.
1. 「자동차관리법」 제29조에 따른 자동차의 안전운행에 필요한 기준(이하 「자동차 및 자동차부품의 성능과 기준에 관한 규칙」)에서 정한 긴급자동차의 구조를 갖출 것
2. 사이렌을 울리거나 경광등을 켤 것(법 제29조에 따른 우선 통행, 법 제30조에 따른 특례 및 그 밖에 법에 규정된 특례를 적용받으려는 경우에만 해당한다)

19. 정답 ②

해설 「도로교통법」 제8조 제2항

보행자는 보도와 차도가 구분되지 아니한 도로에서의 차마와 마주 보는 방향의 길 가장자리 또는 길 가장자리구역으로 통행하여야 한다. 다만, 도로의 통행방향이 일방통행인 경우에는 차마를 마주 보지 아니하고 통행할 수 있다.

20. 정답 ②

해설 「자동차관리법」 제81조(벌칙)

자동차등록번호판 또는 그 봉인을 뗀 자는 1년 이하의 징역 또는 300만원 이하의 벌금에 처한다.

 파이널 모의고사

1. 노크와 점화시기에 관한 사항으로 관계가 먼 것은?

① 점화시기를 빠르게 하면 연소 최대압력이 높아지고, 노크가 발생된다.
② 점화시기에서 최대토크점은 노크 발생 전방에 있다.
③ 노크한계를 노크센서로 검출하면 점화시기를 진각한다.
④ 작동 중 노크 방지를 위해 점화시기를 제어한다.

2. 다음 중 전기저항의 설명으로 틀린 것은?

① 전자가 이동 시 물질 내의 원자와 충돌하여 발생한다.
② 원자핵의 구조, 물질의 형상, 온도에 따라 변한다.
③ 크기를 나타내는 단위는 옴(Ω)을 사용한다.
④ 도체의 저항은 그 길이에 반비례하고, 단면적에 비례한다.

3. 구동피니언잇수 7, 링기어잇수 28이고, 추진축이 2,000rpm일 때 왼쪽 바퀴가 300rpm
이었다. 이때 오른쪽 바퀴의 회전수는?

① 500rpm
② 600rpm
③ 700rpm
④ 800rpm

4. 실린더헤드의 재료로 경합금을 사용할 경우 주철에 비해 갖는 특징이 아닌 것은?

① 경량화할 수 있다.
② 연소실온도를 낮추어 열점(hot spot)을 방지할 수 있다.
③ 열전도특성이 좋다.
④ 변형이 전혀 생기지 않는다.

5. AL합금으로 저팽창, 내식성, 내마모성, 경량, 내압성, 내열성이 우수하여 고속용 가
솔린기관에 많이 사용되는 피스톤재료는?

① 주철(cast iron)
② 니켈-구리합금
③ 로엑스(Lo-Ex)
④ 켈밋합금(kelmet alloy)

6. 자동변속기에서 스톨테스트로 확인할 수 없는 것은?

① 엔진의 출력 부족　　　　　　② 댐퍼클러치의 미끄러짐
③ 전진클러치의 미끄러짐　　　　④ 후진클러치의 미끄러짐

7. 컴퓨터의 논리회로에서 논리적(AND)에 해당되는 것은?

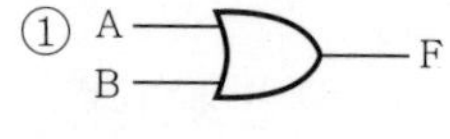

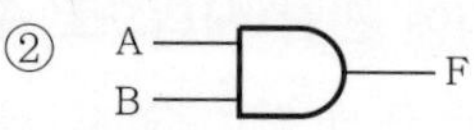

8. 반도체점화장치 중 트랜지스터점화장치의 특성을 설명한 것이다. 틀린 것은?

① 점화시기가 가장 적당하여 NOx가 감소한다.
② 고속성능이 향상된다.
③ 엔진성능개선을 위한 전자제어가 가능하다.
④ 착화성이 향상된다.

9. 수랭식과 비교한 공랭식 엔진의 장점이 아닌 것은?

① 구조가 간단하다.　　　　　　② 마력당 중량이 가볍다.
③ 정상온도에 도달하는 시간이 짧다.　④ 엔진을 균일하게 냉각시킬 수 있다.

10. 가솔린연료분사장치에 사용되는 연료압력조절기에서 인젝터의 연료분사압력을 항상 일정하게 유지하도록 조절하는 것과 직접적인 관계가 있는 것은?

① 흡기다기관의 진공도　　　　　② 엔진의 회전속도
③ 배기가스 중의 산소농도　　　　④ 실린 내의 압축압력

11. 위시본식 독립현가장치의 구조 및 작동에 관한 설명으로 틀린 것은?

① 코일스프링과 쇽업쇼버를 조합시킨 형식이다.
② 스프링 아랫 부분의 중량이 크기 때문에 승차감이 좋다.
③ 로어암과 어퍼컨트롤암의 길이가 같은 것이 평행사변형식이다.
④ SLA형식(short/long arm type)은 장애물에 의해 바퀴가 들어 올려지면 캠버가 변한다.

12. 타이어 트레드 한 쪽만 편마멸되는 원인에 해당되지 않는 것은?

① 각 바퀴에 균일한 타이어 최고압력을 주입했을 때
② 휠이 런아웃되었을 때
③ 허브의 너클이 런아웃되었을 때
④ 베어링이 마멸되었거나 킹핀의 유격이 큰 경우

13. 다음은 브레이크의 베이퍼록의 원인과 대책들이다. 적당한 표현이 아닌 것은?

① 긴 비탈길에서 브레이크의 사용빈도가 많은 운전을 할 때는 기관브레이크를 병용한다.
② 슈의 리턴스프링 쇠손으로 인한 잔압의 저하이므로 이를 교환하여 잔압을 높인다.
③ 브레이크계통에 공기가 들어가 있으나 별도의 공기 빼기 작업을 할 필요는 없다.
④ 드럼과 라이닝의 끌림이 원인이므로 브레이크라이닝조정(간극)을 한다.

14. 승용자동차의 차체진동수에 대한 설명으로 틀린 것은?

① 스프링의 특성(딱딱하다/부드럽다)을 나타낸다.
② 같은 스프링이라도 자동차의 질량에 따라 변화한다.
③ 진동수가 작을수록 딱딱한 스프링이다.
④ 분당 진동수로 표시하며, 일반적으로 60~100 정도이다.

15. 다음 신호의 뜻으로 바르지 못한 것은?

① 적색 등화의 점멸의 차이는 정지선이나 횡단보도가 있을 때에는 그 직전이나 교차로의 직전에 일시정지한 후 다른 교통에 주의하면서 진행할 수 있다.
② 황색 등화의 점멸은 차마는 다른 교통 또는 안전표지의 표시에 주의하면서 진행할 수 있다.
③ 적색 X표 표시 등화의 침범은 차마는 X표가 있는 차로로 진입할 수 없고, 이미 진입한 경우에는 신속히 그 차로 밖으로 진로를 변경하여야 한다.
④ 황색 등화는 신호에 따라 진행하는 다른 차마의 교통을 방해되지 않는다면 일시정지한 후 주의하면서 진행할 수 있다.

16. 다음은 「자동차 및 자동차부품의 성능과 기준에 관한 규칙」상 긴급자동차의 경광등 광도 및 사이렌의 기준이다. 다음 중 기준이 올바른 것은?

① 경광등(1등광 광도) : 125cd 이상 2,500cd 이하
  사이렌 : 전방 30m 위치에서 90dB 이상 120dB 이하
② 경광등(1등광 광도) : 135cd 이상 2,500cd 이하
  사이렌 : 전방 30m 위치에서 90dB 이상 120dB 이하
③ 경광등(1등광 광도) : 140cd 이상 3,000cd 이하
  사이렌 : 전방 40m 위치에서 95dB 이상 125dB 이하
④ 경광등(1등광 광도) : 145cd 이상 3,000cd 이하
  사이렌 : 전방 50m 위치에서 100dB 이상 125dB 이하

17. 〈보기〉의 사고를 야기한 '가'와 '나'의 운전자가 받게 되는 운전면허행정처분의 벌점은?

> 가. 원인 : 중앙선 침범사고
>   결과 : 피해자 2명은 5주 진단, 2명은 2주 진단
> 나. 원인 : 안전거리 미확보사고
>   결과 : 피해자 1명은 현장사망, 1명은 8주 진단

① 가 : 70점, 나 : 115점　　② 가 : 110점, 나 : 105점
③ 가 : 90점, 나 : 105점　　④ 가 : 70점, 나 : 120점

18. 「교통사고처리 특례법」상 우선 지급할 치료비 외의 손해배상금범위에 대한 설명으로 틀린 것은?

① 대물손해 : 대물배상액의 100분의 50에 해당하는 금액
② 부상 : 위자료 전액과 상실수익액의 100분의 50에 해당하는 금액
③ 부상 : 위자료 전액과 휴업손해액의 100분의 50에 해당하는 금액
④ 후유장애 : 위자료 전액과 상실수익액의 100분의 50에 해당하는 금액

19. 앞지르기 금지규정이다. 틀린 것은?

① 교차로, 다리 위, 터널 안에서는 다른 차를 앞지르지 못한다.
② 앞차가 다른 차를 앞지르고 있거나 앞지르려고 하는 경우 앞지르지 못한다.
③ 편도 1차로 도로를 주행하고 있는 화물자동차가 저속주행하면 후행차량은 중앙선이 실선인 경우에도 앞지르기 할 수 있다.
④ 앞차의 좌측에 다른 차가 앞차와 나란히 가고 있는 경우 앞지르지 못한다.

20. 다음 중 도로상의 위법 인공구조물의 제거명령권자는?

① 시·도지사
② 도로관리청
③ 경찰청장
④ 경찰서장

제7회 정답 및 해설

1. **정답** ③

해설 노크와 점화시기

① 점화시기를 빠르게 하면 연소 최대압력이 높아져 노크가 발생된다.
② 엔진에서 최대토크가 발생하는 점화시기를 MBT(Minimum spark advance for Best Torque)라 하며, 이 점은 노크가 발생하기 시작하는 점화시기와 매우 인접되어 있다.
③ 노킹한계를 노크센서가 검출하면 노크영역 가까이까지 점화시기를 접근시킬 수 있다.
④ 과급기 장착 엔진에서는 단열압축공기를 공급하기 때문에 노크 방지를 위해 점화시기를 제어한다.

2. **정답** ④

해설 도체의 전체 저항 $R = \rho \times \dfrac{l}{A}$

∴ 도체의 저항은 길이에 비례하고, 단면적에 반비례한다.

3. **정답** ③

해설 ① $R_f = \dfrac{P_t}{R_t}$ [R_f : 종감속비, P_t : 구동피니언의 잇수, R_t : 링기어의 잇수]

$$\therefore \frac{28}{7} = 4$$

② $T_{RR} = \dfrac{P_N}{R_f} \times 2 - T_{LR}$

$$\therefore \frac{2,000}{4} \times 2 - 300 = 700 \text{rpm}$$

4. **정답** ④

해설 경합금제 실린더헤드의 특징

① 가볍고 열전달이 좋다.
② 연소실온도를 낮추어 열점을 방지할 수 있다.
③ 주철에 비해 열팽창계수가 크다.
④ 내구성, 내식성이 작다.

5. **정답** ③

해설 로엑스(Lo-Ex)합금

Al+Cu+Si+Ni의 합금으로, 내열성이 크고 열팽창계수가 적어 피스톤재료로 많이 사용된다.

6. **정답** ②

해설 스톨테스트(stall test, 정지회전력시험)

"D", "R"위치에서 엔진의 최대회전속도를 측정하여 엔진과 변속기의 종합적인 상태를 측정하는 것을 말한다.

① "D"레인지에서 높으면 1단 작동요소 불량

② "R"레인지에서 높으면 후진작동요소 불량

③ "D"나 "R"레인지에서 모두 높으면 라인압력 불량

④ "D"나 "R"레인지에서 모두 낮으면 엔진출력 부족 및 원웨이클러치 불량

7. **정답** ②

해설 ① 논리적(AND회로)

② 논리합(OR회로)

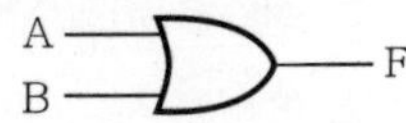

③ 논리부정(NOT회로)

④ 논리적부정(NAND회로)

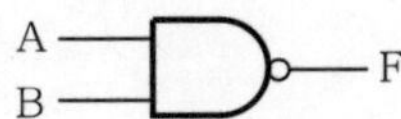

⑤ 논리합부정(NOR회로)

8. **정답** ①

해설 트랜지스터(transistor)점화장치의 특성

① 점화시기제어를 정밀하게 할 수 있다.

② 저속 및 고속성능이 향상된다.

③ 엔진성능 개선을 위한 전자제어가 가능하다.

④ 착화성이 향상된다.

9. **정답** ④

해설 공랭식 엔진의 특징

① 구조가 간단하다.
② 마력당 중량이 가볍다.
③ 정상온도에 도달하는 시간이 짧다.
④ 공기에 의해 냉각하므로 냉각효과가 나쁘다.

10. **정답** ①

해설 연료압력조절기는 흡기다기관의 진공도를 이용하여 인젝터에서의 연료압력을 일정하게 유지하도록 조절한다.

11. **정답** ②

해설 위시본식 독립현가장치의 구조 및 특징

① 코일스프링과 쇽업쇼버를 조합시킨 형식이다.
② 로어와 어퍼컨트롤암의 길이가 같은 것을 평행사변형식, 위가 짧고 아래가 긴 것을 SLA형식이라 한다.
③ SLA형식은 장애물에 의해 바퀴가 들어 올려지면 윤거는 변하지 않으나 캠버가 변한다(윤불캠변).
④ 스프링 아랫부분의 중량이 작아 승차감이 좋다.
⑤ 승용차용 전륜현가장치로 많이 사용된다.

12. **정답** ①

해설 타이어압력이 높으면 가운데가 볼록하게 되어 타이어 중앙 부분이 많이 닳는다.

13. **정답** ③

해설 브레이크베이퍼록의 원인과 대책

① 긴 비탈길에서 브레이크의 사용빈도가 많은 운전을 할 때는 기관브레이크를 병용한다.
② 슈의 리턴스프링 쇠손으로 인한 잔압의 저하이므로 이를 교환하여 잔압을 높인다.
③ 드럼과 라이닝의 끌림이 원인이므로 브레이크라이닝조정(간극)을 한다.

14. **정답** ④

해설 차체진동수

① 스프링의 특성(딱딱하다/부드럽다)을 나타낸다.
② 같은 스프링이라도 자동차의 질량에 따라 변화한다.
③ 진동수가 작을수록 딱딱한 스프링이다.
④ 분당 진동수로 표시하며, 일반적으로 60~120cycle/min 정도일 때 가장 좋은 승차감을 얻을 수 있다.

15. **정답** ④

해설 황색 등화란 교차로 진입 전 정지선에 정지해야 하고, 이미 교차로에 진입한 경우엔 신속히 교차로를 교차로 밖으로 진행해야 한다.

16. **정답** ②

해설 「자동차 및 자동차부품의 성능과 기준에 관한 규칙」 제58조
① 「도로교통법」 제2조 제22호에 따른 긴급자동차에는 다음 각 호의 기준에 적합한 경광등 및 사이렌을 설치할 수 있다.
1. 1등당 광도는 135cd 이상 2,500cd 이하일 것
2. 사이렌음의 크기는 자동차의 전방 30m의 위치에서 90dB 이상 120dB 이하일 것

17. **정답** ①

해설 가. 벌점 : 30(중앙선 침범)＋15(중상, 5주 진단)×2＋5(경상, 2주 진단)×2＝70점
나. 벌점 : 10(안전거리 미확보)＋90(사망)＋15(중상, 8주 진단)＝115점

18. **정답** ②

해설 우선 지급할 치료비 외의 손해배상금범위(「도로교통법 시행령」 제3조)
1. 부상 : 보험약관 또는 공제약관에서 정한 지급기준에 의하여 산출한 위자료의 전액과 휴업손해액의 100분의 50에 해당하는 금액
2. 후유장애 : 보험약관 또는 공제약관에서 정한 지급기준에 의하여 산출한 위자료 전액과 상실수익액의 100분의 50에 해당하는 금액
3. 대물손해 : 보험약관 또는 공제약관에서 정한 지급기준에 의하여 산출한 대물배상액의 100분의 50에 해당하는 금액

19. **정답** ③

해설 편도 1차로 도로를 주행하고 있는 화물자동차가 저속주행하면 후행차량은 중앙선이 점선인 경우에 앞지르기를 할 수 있다.

20. **정답** ④

해설 경찰서장은 위법 인공구조물을 설치한 사람에 대하여 그 위반행위를 시정하도록 하거나 그 위반행위로 인하여 생긴 교통장해를 제거할 것을 명할 수 있다(법 제71조 제1항).

파이널 모의고사

1. 방향지시등회로에서 점멸이 느리게 작동되는 원인으로 틀린 것은?

① 전구용량이 규정보다 크다.　② 퓨즈 또는 배선의 접촉이 불량하다.

③ 축전지용량이 저하되었다.　④ 플래셔유닛에 결함이 있다.

2. 자동차기관의 배출가스 특성과 혼합비와의 관계가 맞지 않는 것은?

① 이론 혼합비보다 농후하면 CO, HC는 증가, NOx는 감소

② 이론 혼합비보다 약간 희박하면 NOx는 증가, CO, HC는 감소

③ 이론 혼합비보다 현저하게 희박하면 HC는 증가, CO, NOx는 감소

④ 이론 혼합비보다 농후하면 CO, HC는 감소, NOx는 증가

3. 자동차의 등화장치별 등광색이 잘못 연결된 것은?

① 후퇴등－백색 또는 황색

② 자동차 뒷면의 안개등－백색 또는 황색

③ 차폭등－백색·황색 또는 호박색

④ 방향지시등－황색 또는 호박색

4. 공기식 스프링의 특성에 대한 설명으로 적합하지 않은 것은?

① 승객 등의 증감에 관계없이 항상 차체의 높이를 일정하게 유지할 수 있다.

② 하중의 증가에 관계없이 스프링 고유진동수는 자동으로 변한다.

③ 고주파진동을 잘 흡수한다.

④ 승차감이 좋으며 진동의 완화에 의해 차량의 내용수명이 길어진다.

5. 브레이크 드럼의 점검사항에 해당되지 않는 것은?

① 드럼의 진원도　② 드럼의 두께

③ 드럼의 직경차　④ 드럼의 마찰계수

6. 윤활유의 구비조건으로 틀린 것은?

① 응고점이 높고 유동성이 있는 유막을 형성할 것

② 적당한 점도를 가질 것

③ 카본형성에 대한 저항력이 있을 것

④ 인화점이 높을 것

7. 착화지연기간에 대한 설명으로 맞는 것은?

① 연료가 연소실에 분사되기 전부터 자기착화되기까지 일정한 시간이 소요되는 것을 말한다.

② 연료가 연소실 내로 분사된 후부터 자기착화되기까지 일정한 시간이 소요되는 것을 말한다.

③ 연료가 연소실에 분사되기 전부터 후연소기간까지 일정한 시간이 소요되는 것을 말한다.

④ 연료가 연소실 내로 분사된 후부터 후기연소까지 일정한 시간이 소요되는 것을 말한다.

8. 자동차제동장치에서 드럼브레이크의 드럼이 갖추어야 할 조건을 잘못 설명한 것은?

① 방열성이 좋아야 한다.

② 마찰계수가 낮아야 한다.

③ 고온에서 내마모성이 있어야 한다.

④ 변형에 대응할 충분한 강성이 있어야 한다.

9. 조향기어비에 대한 설명 중 맞는 것은?

① 조향기어비는 일반적으로 대형 자동차는 작게 되어 있고, 소형 자동차는 크게 되어 있다.

② 조향기어비를 크게 하면 조향핸들의 조작이 민속하게 된다.

③ 조향기어비를 크게 하면 조향핸들의 조작에 큰 회전력이 필요하다.

④ 조향기어비를 작게 하면 가역성의 경향이 크게 된다.

10. EGR율을 바르게 나타낸 것은?

① $EGR율 = \dfrac{배기가스환류량}{흡입공기량 + 배기량} \times 100$

② $EGR율 = \dfrac{흡입공기량}{배기가스환류량} \times 100$

③ $EGR율 = \dfrac{흡입공기량}{흡입공기량 + 배기가스환류량} \times 100$

④ $EGR율 = \dfrac{배기가스환류량}{흡입공기량 + 배기가스환류량} \times 100$

11. LPG자동차에서 연료탱크의 최고충전은 85%만 채우도록 되어 있는데 그 이유로 가장 타당한 것은?

① 충돌 시 봄베 출구밸브의 안전을 고려하기 위하여
② 봄베 출구에서의 LPG압력을 조절하기 위하여
③ 온도 상승에 따른 팽창을 고려하여
④ 베이퍼라이저에 과다한 압력이 걸리지 않도록 하기 위하여

12. 자동차용 MF축전지의 특성 중 틀린 것은?

① 인디게이터로 충전상태를 확인할 수 있다.
② 저온시동능력이 좋다.
③ 충전회복이 빠르고 과충전 시 수명이 길다.
④ 전기저항이 낮은 격리판을 사용한다.

13. 제동을 걸었을 때 바퀴와 노면의 마찰력이 가장 클 때는?

① 브레이크페달을 밟는 힘이 가장 클 때
② 타이어가 노면에서 슬립을 일으키며 끌릴 때
③ 타이어가 노면에서 슬립을 일으키기 직전일 때
④ 브레이크페달을 밟기 시작할 때

14. 점화코일의 1차 코일유도전압이 250V, 2차 코일유도전압이 25,000V이고, 축전지가 12V인 1차 코일의 권수가 250회일 경우 2차 코일의 권수는 몇 회인가?

① 20,000   ② 25,000
③ 30,000   ④ 35,000

15. 다음 중 도로의 조건에 해당하지 않는 것은?

① 형태성
② 편리성
③ 이용성
④ 공개성

16. 다음 중 범칙행위에 대한 설명은?

① 10만원 이하의 벌금이나 구류죄에 해당하는 위반행위
② 20만원 이하의 벌금이나 구류죄에 해당하는 위반행위
③ 30만원 이하의 벌금이나 구류죄에 해당하는 위반행위
④ 40만원 이하의 벌금이나 구류죄에 해당하는 위반행위

17. 「도로교통법」상 각각의 운전면허결격기간으로 맞는 것은?

> ㉮ 음주운전규정을 3회 이상 위반하여 운전면허가 취소된 경우 (　　년)
> ㉯ 면허정지기간 중 자동차를 운전하다 구호조치가 필요한 인명피해사고 야기 후 구호조치를 취하지 아니하고 도주하여 운전면허가 취소된 경우 (　　년)
> ㉰ 다른 사람의 자동차를 훔치거나 빼앗은 사람이 무면허로 운전하다 단속된 경우 (　　년)

① ㉮ : 3년, ㉯ : 4년, ㉰ : 2년　　② ㉮ : 2년, ㉯ : 5년, ㉰ : 3년
③ ㉮ : 3년, ㉯ : 5년, ㉰ : 2년　　④ ㉮ : 2년, ㉯ : 4년, ㉰ : 3년

18. 「교통사고처리 특례법」상의 주요 11개항 항목 위반사고에 해당하는 것은?

① 서행표지가 있는 편도 1차로 지역에서 40km/h 주행하다가 발생한 인적피해 사고
② 양보표지가 있는 도로에서 일시정지하지 않고 진입함으로써 발생한 인적피해 사고
③ 최고속도 매시 60km 편도 1차로 도로에서 80km/h로 주행 중에서 발생한 인적피해사고
④ 비가 내려 노면이 젖어있는 편도 1차로의 일반도로에서 70km/h로 주행 중에서 발생한 인적피해사고

19. 자동차의 운행제한을 명할 수 있는 경우에 해당하지 않는 것은?

① 전시·사변 또는 이에 준하는 비상사태의 대처
② 극심한 교통체증지역의 발생예방 또는 해소를 위한 경우
③ 교통사고로 인해 자동차수리가 필요한 경우
④ 대기오염 방지를 위한 경우

20. 밤에 도로에서 차를 운행하는 경우와 정차 또는 주차하는 경우에 켜야 하는 등화를 설명한 것이다. 다음 중 틀린 것은?

① 운행 중인 자동차 : 전조등, 차폭등, 미등, 번호등과 실내조명등(실내조명등은 승합자동차와 여객자동차운수사업용 승합자동차에 한함)
② 운행 중인 원동기장치자전거 : 전조등 및 미등
③ 이륜자동차를 제외한 자동차가 정차 또는 주차하는 경우 : 미등, 차폭등
④ 견인되는 자동차 : 미등, 차폭등

제8회 정답 및 해설

1. **정답** ①

해설 방향지시등 점멸이 느리게 작동되는 원인
① 축전지용량이 저하되었다.
② 플래셔유닛에 결함이 있다.
③ 퓨즈 또는 배선의 접촉이 불량하다.
④ 전구용량이 규정보다 작다.

2. **정답** ④

해설 배출가스 특성과 혼합비와의 관계
① 이론 혼합비보다 농후하면 CO와 HC는 증가, NOx는 감소한다.
② 이론 혼합비보다 약간 희박하면 NOx는 증가, CO와 HC는 감소한다.
③ 이론 혼합비보다 현저한 희박하면 HC는 증가, CO와 NOx는 감소한다.

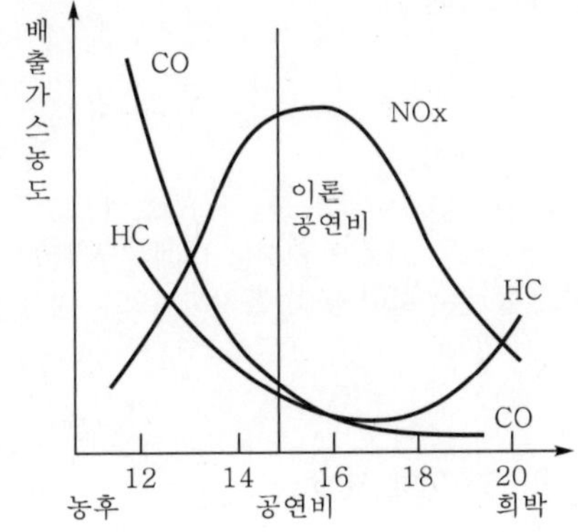

3. **정답** ②

해설 자동차 앞면의 등광색은 백색 또는 황색으로, 자동차 뒷면의 등광색은 적색일 것
▶ 등화장치별 등광색 기준
① 전조등 : 백색
② 안개등 : 백색 또는 황색
③ 후퇴등 : 백색 또는 황색
④ 차폭등 : 백색 · 황색 또는 호박색
⑤ 번호등 : 백색
⑥ 후미등 : 적색

　⑦ 제동등 : 적색
　⑧ 방향지시등 : 황색 또는 호박색

4. **정답** ②
해설 공기스프링의 장점
　① 승객 등의 증감에 관계없이 항상 차체의 높이를 일정하게 유지할 수 있다.
　② 공기 자체의 감쇄성에 의해 고주파진동을 흡수했다.
　③ 승차감이 좋으며 진동의 완화에 의해 차량의 내용수명이 길어진다.
　④ 하중에 관계없이 고유진동이 거의 일정하게 유지된다.

5. **정답** ④
해설 브레이크 드럼의 점검사항에는 드럼의 두께, 직경차, 진원도 등이다.

6. **정답** ①
해설 윤활유의 구비조건
　① 인화점과 발화점이 높을 것
　② 응고점이 낮을 것
　③ 비중과 점도가 적당할 것
　④ 열과 산에 대하여 안정될 것
　⑤ 카본생성에 대해 저항력이 클 것

7. **정답** ②
해설 착화지연기간(연소준비기간)
연료가 연소실 내로 분사된 후부터 자기착화가 되기까지 일정한 시간이 소요되는 것을 말한다. 즉, 착화지연기간은 연료가 연소실 내에 분사되어 착화될 때까지의 기간을 말하며, 연료가 분사되어 압축열을 흡수하여 불이 붙기까지의 기간이다.

8. **정답** ②
해설 브레이크 드럼이 갖추어야 할 조건
　① 방열이 잘 될 것
　② 충분한 강성과 내마멸성이 있을 것
　③ 정적, 동적평형이 잡혀있을 것
　④ 가벼울 것

9. **정답** ④
해설 조향기어비
　① 조향휠의 회전각도와 피트먼암의 회전각도와의 비를 조향기어비라 한다.
　② 조향기어비를 크게 하면 조향조작력이 가벼우나 조향조작이 늦어진다.
　③ 조향기어비를 작게 하면 조향조작이 민속하며 가역성의 경향이 크게 되지만 조향조작이 무겁다.

10. **정답** ④

해설 $EGR율 = \dfrac{배기가스환류량(=EGR가스량)}{흡입공기량+배기가스환류량(=EGR가스량)} \times 100$

※ 배기가스환류량과 EGR가스량은 같은 의미이다.

11. **정답** ③

해설 LPG자동차에서 연료탱크의 최대충전량은 온도 상승에 따른 팽창을 고려하여 봄베 전체 체적의 85%만 충전하도록 하고 있다.

12. **정답** ③

해설 MF축전지의 특성

① 촉매장치가 있으므로 증류수를 보충할 필요가 없다.
② 인디게이터(indicator)가 있어 충전상태를 확인할 수 있다.
③ 자기방전비율이 낮아 장기간 보관이 가능하다.
④ 모든 배터리는 과충전시키면 수명이 짧아진다.

13. **정답** ③

해설 제동을 할 때 타이어가 노면에서 슬립을 일으키기 직전에 바퀴와 노면의 마찰력이 가장 크다.

14. **정답** ②

해설 2차 코일의 유도전압 $E_2 = \dfrac{N_2}{N_1} \times E_1$

∴ 2차 코일의 권수 $N_2 = \dfrac{E_2 \times N_1}{E_1} = \dfrac{25,000 \times 250}{250} = 25,000$회

15. **정답** ②

해설 공개된 장소로 안전한 교통을 확보할 필요가 있는 장소의 개념(도로의 성립요건)

① 형태성
② 이용성
③ 공개성
④ 교통경찰권(발동성)

16. **정답** ②

해설 범칙행위란 법을 위반하여 20만원 이하의 벌금이나 구류 또는 과료에 해당하는 위반행위를 말한다(법 제162조 제1항).

17. 정답 ②

해설 음주운전규정을 3회 이상 위반하여 운전면허가 취소된 경우는 2년, 면허정지기간 중 자동차를 운전하다 인명피해사고 야기 후 구호조치를 취하지 아니하고 도주하여 운전면허가 취소된 경우는 5년, 다른 사람의 자동차를 훔치거나 빼앗은 사람이 무면허로 운전하다 단속된 경우는 3년의 기간이 지나지 않으면 면허를 취득할 수 없다.

18. 정답 ④

해설 ① 서행표지 지역의 사고는 중요 11개항 항목 위반사고에 해당되지 않는다(일반적인 사고).
② 양보표지가 있는 도로에서의 사고는 중요 11개항 항목 위반사고에 해당되지 않는다(일반적인 사고).
③ 20km/h를 초과하지 않고 20km/h 이상인 경우이므로 중요 11개항 항목 위반사고에 해당되지 않는다.
④ 비가 내려 노면이 젖어있는 편도 1차로의 일반도로에서 48km/h를 넘어 20km/h를 초과하여 과속한 경우이므로 중요 11개항 항목 위반사고에 해당된다.

19. 정답 ③

해설 「자동차관리법」 제25조(자동차의 운행제한)
국토교통부장관은 다음 각 호의 어느 하나에 해당하는 사유가 있다고 인정되면 미리 경찰청장과 협의하여 자동차의 운행제한을 명할 수 있다.
1. 전시·사변 또는 이에 준하는 비상사태의 대처
2. 극심한 교통체증지역의 발생예방 또는 해소
3. 대기오염 방지나 그 밖에 대통령령으로 정하는 사유

20. 정답 ④

해설 밤에 도로에서 운행하는 자동차의 등화(「도로교통법 시행령」 제19조)

구분	밤(해가 진 후부터 해가 뜨기 전까지를 말한다), 안개가 끼거나 눈이 올 때 또는 터널 안	
	도로에서 차를 운행하는 경우	고장이나 그 밖의 부득이한 사유로 도로에서 차를 정차 또는 주차하는 경우
자동차	전조등, 차폭등, 미등, 번호등과 실내조명등(실내조명등은 승합자동차와 「여객자동차운수사업법」에 의한 여객자동차운송사업용 승용자동차에 한한다)	미등 및 차폭등
이륜자동차		미등(후부반사기를 포함한다)
원동기장치자전거	전조등 및 미등	
견인되는 차	미등, 차폭등 및 번호등	–
자동차 등 외의 모든 차	지방경찰청장이 정하여 고시하는 등화	지방경찰청장이 정하여 고시하는 등화

제9회 파이널 모의고사

1. 자동차 냉방장치의 응축기(condenser)가 하는 역할로 맞는 것은?

① 액체상태의 냉매를 기화시키는 것이다.
② 액상의 냉매를 일시저장한다.
③ 고온·고압의 기체냉매를 액체냉매로 변환시킨다.
④ 냉매를 항상 건조하게 유지시킨다.

2. 디젤기관의 연료분사조건으로 부적당한 것은?

① 무화가 잘 되고 분무의 입자가 작고 균일할 것
② 분무가 잘 분산되고 부하에 따라 필요한 양을 분사할 것
③ 분사의 시작과 끝이 확실하고 분사시기, 분사량 조정이 자유로울 것
④ 회전속도와 관계없이 일정한 시기에 분사할 것

3. 전륜구동형(FF) 차량의 특징이 아닌 것은?

① 추진축이 필요하지 않으므로 구동손실이 적다.
② 조향방향과 동일한 방향으로 구동력이 전달된다.
③ 후륜구동에 비해 빙판 언덕길 주행에 유리하다.
④ 후륜구동에 비해 오버스티어현상이 크다.

4. 전자제어 현가장치(ECS)의 작동에 대한 설명이다. 틀린 것은?

① 노면의 상태에 따라 감쇠력이 변화한다.
② 주행조건에 따라 감쇠력이 변화한다.
③ 댐퍼의 감쇠력을 여러 단계로 설정하여 조정한다.
④ 항상 부드러운 상태로만 감쇠력이 조정된다.

5. 속도비가 0.4이고, 토크비가 2인 토크컨버터에서 펌프가 4,800rpm으로 회전할 때 토크컨버터의 효율은?

① 20% ② 40%

③ 60% ④ 80%

6. 다음 중 자기방전의 원인이 아닌 것은?

① 자기방전량은 전해액의 온도가 높을수록 커진다.
② 자기방전량은 전해액의 비중이 작을수록 커진다.
③ 자기방전량은 전해액 속의 불순물이 많을수록 커진다.
④ 자기방전은 전해액 속에 금속성분의 불순물에 의해 내부단락에 의해 발생한다.

7. 차량에서 축전지의 기능으로 옳은 것은?

① 각종 부하조건에 따라 발전전압을 조정하여 과충전을 방지한다.
② 기관의 시동 후 각종 전기장치의 전기적 부하를 전적으로 부담한다.
③ 주행상태에 따른 발전기의 출력과 전기적 부하와의 불균형을 조정한다.
④ 축전지는 시동 후 일정시간 방전을 지속하여 발전기의 부담을 줄여준다.

8. FR형식 차량의 동력전달경로로 맞는 것은?

① 변속기 → 추진축 → 종감속장치 → 바퀴
② 변속기 → 액슬축 → 종감속장치 → 바퀴
③ 클러치 → 추진축 → 변속기 → 바퀴
④ 클러치 → 차동장치 → 변속기 → 바퀴

9. 실린더 내경 75mm, 행정 75mm, 압축비가 8 : 1인 4실린더기관의 총연소실체적은?

① 약 239.3cc ② 약 159.3cc

③ 약 189.3cc ④ 약 318.3cc

10. 앞바퀴에서 발생하는 코너링포스가 뒷바퀴보다 크게 되면 나타나는 현상은?

① 토크스티어링현상 ② 언더스티어링현상

③ 리버스스티어링현상 ④ 오버스티어링현상

11. 토크컨버터 내에 있는 스테이터가 회전하기 시작하여 펌프 및 터빈과 함께 회전할 때 설명으로 맞는 것은?

① 오일흐름의 방향을 바꾼다.
② 터빈의 회전속도가 펌프보다 증가한다.
③ 토크변환이 증가한다.
④ 유체클러치의 기능이 된다.

12. 디젤기관의 회전속도가 1,500rpm일 때 분사지연과 착화지연시간이 합쳐 1/600 초라고 하면 상사점 전 몇 도에서 연료를 분사하여야 가장 적당한가? (단, 최대폭발압력은 상사점에서 발생한다.)

① 80°
② 10°
③ 12°
④ 15°

13. 디젤기관의 기계식 고압연료분사장치에서 노크를 최소화하기 위해 초기 분사량을 최소화하고 착화 이후 분사량을 크게 하도록 설계된 분사노즐은?

① 원통형 핀트노즐(cylindrical pintle nozzle)
② 스로틀핀틀노즐(throttle pintle nozzle)
③ 단공홀노즐(single-hole nozzle)
④ 다공홀노즐(multi-hole nozzle)

14. 일반적으로 주행 중 멀미를 느끼는 진동수는 약 몇 cycle/min인가?

① 45cycle/min 이하
② 45~90cycle/min
③ 90~135cycle/min
④ 135cycle/min 이상

15. 다음 중 「도로법」에서 구분하는 도로의 종류로 볼 수 없는 것은?

① 고속국도
② 읍도
③ 지방도
④ 시도 · 군도

16. 다음 중 특별교통안전교육의 교육내용에 적합하지 않는 것은?

① 자동차관리요령
② 안전운전의 기초
③ 교통사고와 그 예방
④ 운전면허 및 자동차관리

17. 다음은 긴급자동차 양보의무 위반에 대한 과태료기준이다. 다음 빈칸에 들어갈 과태료금액으로 알맞은 것은?

> 모든 차의 운전자는 교차로나 그 부근 및 교차로 외의 도로에서 긴급자동차가 접근하는 경우 도로의 우측 가장자리로 피하는 등 양보운전을 하여야 한다. 만약 이에 따른 법조항을 위반하여 긴급자동차의 출동 및 통행에 지장을 준 경우에는 승합 (a), 승용 (b), 이륜 (c)의 과태료를 부과한다.

① a : 4만원, b : 3만원, c : 2만원
② a : 5만원, b : 4만원, c : 3만원
③ a : 6만원, b : 5만원, c : 4만원
④ a : 7만원, b : 6만원, c : 5만원

18. 안전운전불이행사고를 야기하여 피해자 1명에게 진단 3주의 상해를 입힌 경우 「교통사고처리 특례법」상 종합보험에 가입되어 있거나 합의하였더라도 형사처벌대상이 되는 것은?

① 제1종 보통면허만 소지한 자가 9인승 승합자동차로 된 긴급자동차를 운전하다가 사고를 야기한 경우
② 제1종 보통면허만 소지한 자가 15인승 승합자동차를 운전하다가 사고를 야기한 경우
③ 제2종 보통면허만 소지한 자가 9인승 승합자동차로 운전하다가 사고를 야기한 경우
④ 제2종 보통면허만 소지한 자가 5인승 승용자동차로 된 긴급자동차를 운전하다가 사고를 야기한 경우

19. 안전기준을 넘는 화물의 적재허가를 받은 사람이 달아야 하는 표지규격은?

① 그 길이 또는 폭의 양 끝에 너비 30cm, 길이 50cm 이상의 빨간 헝겊으로 된 표지
② 그 길이 또는 폭의 양 끝에 너비 50cm, 길이 30cm 이상의 빨간 헝겊으로 된 표지
③ 그 길이 또는 폭의 양 끝에 너비 30cm, 길이 50cm 이상의 파란 헝겊으로 된 표지
④ 그 길이 또는 폭의 양 끝에 너비 50cm, 길이 50cm 이상의 파란 헝겊으로 된 표지

20. 고속도로 등에서 위험 방지조치에 대한 내용이 아닌 것은?

① 도로의 파손 등으로 자동차의 통행을 일시중지할 수 있다.

② 교통사고의 발생으로 교통혼잡의 우려가 있을 때 자동차의 통행을 금지한다.

③ 교통의 안전 및 원활한 소통을 확보하기 위하여 자치경찰공무원은 자동차의 운전자에게 필요한 조치를 명할 수 있다.

④ 경찰공무원은 교통의 위험 또는 혼잡의 우려가 있는 때에 필요한 범위 내에서 진행 중인 자동차의 통행을 제한할 수 있다.

제9회 　**정답 및 해설**

1. **정답** ③

　해설 냉방장치 구성품의 기능

　① 압축기 : 증발기에서 열을 흡수하여 기체화된 냉매를 고온·고압가스로 변환시켜 응축기에 보낸다.
　② 응축기(콘덴서) : 고온·고압의 냉매가 냉각에 의해서 액체냉매로 변화시키는 역할을 한다.
　③ 리시버드라이어 : 응축기에서 유입되는 액체냉매 속에 수분 및 불순물을 여과시키는 역할을 한다.
　④ 팽창밸브(익스팬션밸브) : 고압의 액체냉매를 분사시켜 저압으로 감압시키는 역할을 한다.
　⑤ 증발기(이배퍼레이터) : 주위의 공기에서 열을 흡수하여 기체의 냉매로 변화시키는 역할을 한다.

2. **정답** ④

　해설 엔진의 부하 및 회전속도에 따라 분사시기를 변화시켜야 한다.

3. **정답** ④

　해설 ①, ②, ③항이 전륜구동차량의 특징이며, 전류구동차량은 앞이 무거워 선회 시 언더스티어링 경향이 크다.

4. **정답** ④

　해설 전자제어 현가장치(ECU)의 작동

　① 노면의 상태에 따라 감쇠력이 변화한다.
　② 주행조건에 따라 감쇠력이 변화한다.
　③ 댐퍼의 감쇠력을 여러 단계로 설정하여 조정한다.

5. **정답** ④

　해설 토크컨버터의 전달효율

　① 토크비$(t) = \dfrac{\text{터빈회전력}(T_t)}{\text{펌프회전력}(T_p)}$

　② 속도비$(n) = \dfrac{\text{터빈회전수}(N_t)}{\text{펌프회전수}(N_p)}$

　③ 전달효율$(\eta)=$토크비$(t)\times$속도비(n)

　∴ 전달효율$(\eta)=2\times0.4=0.8$, 즉 80%

6. **정답** ②

해설 자기방전의 원인은 ①, ③, ④항 이외에 전해액의 비중이 클수록 커진다.

7. **정답** ③

해설 배터리의 역할
① 시동 시 전기부하를 담당한다.
② 주행상태에 따른 발전기의 출력과 전기적 부하와의 불균형을 조정한다.
③ 발전기 고장 시 주행을 확보하기 위한 전원으로 작동한다.

8. **정답** ①

해설 FR(후륜 구동)형식 차량의 동력전달경로 : 엔진 → 클러치 → 변속기 → 추진축 → 종감속장
치 → 바퀴

9. **정답** ③

해설 $압축비 = 1 + \dfrac{행정체적(배기량)}{연소실체적}$

$연소실체적 = \dfrac{행정체적(배기량)}{압축비 - 1} = \dfrac{0.785 \times 7.5^2 \times 7.5}{8 - 1} = 47.31\text{cc}$

4실린더이므로 $47.31 \times 4 = 189.24\text{cc}$
∴ 약 189.3cc

10. **정답** ④

해설 앞바퀴에서 발생하는 코너링포스가 크게 되면 뒷바퀴는 원심력에 의해 밀리게 되므로 조향각
이 커진 오버스티어링현상이 나타난다.

11. **정답** ④

해설 스테이터가 회전하기 시작할 때를 클러치점이라 하며, 토크컨버터는 유체클러치로 작동한다.

12. **정답** ④

해설 $I_t = 6Rt$ [I_t : 분사하여야 할 시기, R : 기관회전속도, t : 분사 및 착화지연시간]

∴ $6 \times 1,500 \times \dfrac{1}{600} = 15°$

13. **정답** ②

해설 스로틀핀틀노즐(throttle pintle nozzle)은 디젤기관의 기계식 고압연료분사장치에서 노크를 최
소화하기 위해 초기 연료분사량을 최소화하고, 착화 이후 연료분사량을 크게 하도록 설계된 분
사노즐이다.

14. **정답** ①

해설 진동수와 승차감

① 걸어가는 경우 : 60~70cycle/min

② 뛰어가는 경우 : 120~160cycle/min

③ 양호한 승차감 : 60~120cycle/min

④ 멀미를 느끼는 경우 : 45cycle/min 이하

⑤ 딱딱한 느낌의 경우 : 120cycle/min 이상

15. **정답** ②

해설 「도로교통법」상 도로의 개념

1. 「도로법」에 따른 도로

- 고속국도
- 일반국도
- 특별(광역)시도
- 지방도
- 시도, 군도, 구도

2. 「유료도로법」에 따른 유료도로 : 통행료를 징수하는 도로

3. 「농어촌도로정비법」에 따른 농어촌도로 : 농어촌지역주민의 교통편익과 생산, 유통활동 등에 공용되는 공로 중 고시된 도로

- 면도
- 리도
- 농도 : 경작지 등과 연결되어 농어민의 생산활동에 직접 공용되는 도로

4. 그 밖에 현실적으로 불특정 다수의 사람 또는 차마(車馬)가 통행할 수 있도록 공개된 장소로서 안전하고 원활한 교통을 확보할 필요가 있는 장소

▶ 공개된 장소로 안전한 교통을 확보할 필요가 있는 장소의 개념(도로의 성립요건)

① 형태성

② 이용성

③ 공개성

④ 교통경찰권(발동성)

16. **정답** ①

해설

교통안전교육	특별교통안전교육
• 운전자가 갖추어야 하는 기본예절 • 도로교통에 관한 법령과 지식 • 안전운전능력 • 어린이 · 장애인 및 노인의 교통사고 예방에 관한 사항 • 친환경 경제운전에 필요한 지식과 기능 • 그 밖에 교통안전의 확보를 위하여 필요한 사항	• 교통질서 • 교통사고와 그 예방 • 안전운전의 기초 • 교통법규와 안전 • 운전면허 및 자동차관리 • 그 밖에 교통안전의 확보를 위하여 필요한 사항

17. 정답 ③

해설 ▶ 「도로교통법」 제29조 제4항 및 제5항을 위반하여 도로의 오른쪽 가장자리에 일시정지하지 않거나 진로를 양보하지 않은 차의 고용주 등에 대한 과태료기준
1. 승합자동차 등 : 6만원
2. 승용자동차 등 : 5만원
3. 이륜자동차 등 : 4만원

▶ 긴급자동차의 우선 통행(「도로교통법」 제29조)
④ 모든 차의 운전자는 교차로나 그 부근에서 긴급자동차가 접근하는 경우에는 교차로를 피하여 도로의 우측 가장자리에 일시정지하여야 한다. 다만, 일방통행으로 된 도로에서 우측 가장자리로 피하여 정지하는 것이 긴급자동차의 통행에 지장을 주는 경우에는 좌측 가장자리로 피하여 정지할 수 있다.
⑤ 모든 차의 운전자는 제4항에 따른 곳 외의 곳에서 긴급자동차가 접근한 경우에는 도로의 우측 가장자리로 피하여 진로를 양보하여야 한다. 다만, 일방통행으로 된 도로에서 우측 가장자리로 피하는 것이 긴급자동차의 통행에 지장을 주는 경우에는 좌측 가장자리로 피하여 양보할 수 있다.

18. 정답 ④

해설 긴급자동차 운전은 제1종 보통면허를 소지하여야 한다.

19. 정답 ①

해설 「도로교통법 시행규칙」 제26조 제3항
안전기준을 넘는 화물의 적재허가를 받은 사람은 그 길이 또는 폭의 양 끝에 너비 30cm, 길이 50cm 이상의 빨간 헝겊으로 된 표지를 달아야 한다. 다만, 밤에 운행하는 경우에는 반사체로 된 표지를 달아야 한다.

20. 정답 ③

해설 경찰공무원(자치경찰공무원 제외)은 도로의 손괴, 교통사고의 발생이나 그 밖의 사정으로 고속도로 등에서 교통이 위험 또는 혼잡하거나 그러할 우려가 있을 때에는 교통의 위험 또는 혼잡을 방지하고 교통의 안전 및 원활한 소통을 확보하기 위하여 필요한 범위에서 진행 중인 자동차의 통행을 일시 금지 또는 제한하거나 그 자동차의 운전자에게 필요한 조치를 명할 수 있다(법 제58조).

파이널 모의고사

1. 연소실 압축압력이 규정압축압력보다 높을 때 원인으로 옳은 것은?

① 연소실 내 카본 다량 부착

② 연소실 내에 돌출부 없어짐

③ 압축비가 작아짐

④ 옥탄가가 지나치게 높음

2. 캠버의 설명으로 가장 거리가 먼 것은?

① 수직방향의 하중에 의한 앞차축의 휨을 방지한다.

② 차체의 중심고를 높이기 때문에 불안정하므로 가능한 한 캠버를 줄여야 한다.

③ 킹핀경사각과 함께 조향핸들의 조작을 가볍게 한다.

④ 차량의 하중과 타이어의 접지부의 반작용으로 타이어의 아래쪽(폭)이 바깥쪽으로 벌어지려 하므로 정의 캠버를 둔다.

3. 승용차를 제외한 기타 자동차의 주차제동능력측정 시 조작력기준으로 적합한 것은?

① 발조작식 : 60kg 이하, 손조작식 : 40kg 이하

② 발조작식 : 70kg 이하, 손조작식 : 50kg 이하

③ 발조작식 : 50kg 이하, 손조작식 : 30kg 이하

④ 발조작식 : 90kg 이하, 손조작식 : 30kg 이하

4. 충전장치의 발전기에서 3상 코일의 결선방법에 따른 설명으로 틀린 것은?

① 삼각결선방식은 중성점의 전압을 이용할 수 있다.

② Y결선의 경우 선간전압은 상전압의 $\sqrt{3}$ 배이다.

③ 삼각결선의 경우 선간전류는 상전류의 $\sqrt{3}$ 배이다.

④ Y결선방식이 삼각결선방식보다 높은 기전력을 얻을 수 있다.

5. 타이어의 단면을 편평하게 하여 접지면적을 증가시킨 편평타이어의 장점 중 아닌 것은?

① 제동성능과 승차감이 향상된다.

② 타이어의 폭이 좁아 타이어수명이 길다.

③ 펑크가 났을 때 공기가 급격히 빠지지 않는다.

④ 보통 타이어보다 코너링포스가 15% 정도 향상된다.

6. 제동력을 더욱 크게 하여주는 제동배력장치 작동의 기본원리로 적합한 것은?

① 동력피스톤 좌우의 압력차가 커지면 제동력은 감소한다.

② 동일한 압력조건일 때 동력피스톤의 단면적이 커지면 제동력은 커진다.

③ 일정한 단면적을 가진 진공식 배력장치에서 기관 내부의 압축압력이 높아질수록 제동력은 커진다.

④ 일정한 동력피스톤의 단면적을 가진 공기식 배력장치에서 압축공기의 압력이 변하여도 제동력은 변하지 않는다.

7. 다음 중 브레이크오일이 갖추어야 할 특징 중 틀린 것은?

① 비압축성일 것

② 비등점이 높을 것

③ 금속이나 고무제품을 부식, 연화, 팽창시키지 말 것

④ 흡습성이 높을 것

8. 디젤기관에서 예연소실식의 특징에 대한 설명으로 가장 적합한 것은?

① 연소실 모양이 간단하다.

② 시동 시 예열이 필요 없다.

③ 출력이 큰 엔진에 적합하다.

④ 사용연료의 변화에 민감하지 않은 편이다.

9. 4행정사이클 디젤기관의 분사펌프제어랙을 전부하상태로 하고, 최대회전수를 2,000rpm으로 하여 분사량을 시험하였더니 1실린더 107cc, 2실린더 115cc, 3실린더 105cc, 4실린더 93cc일 때 수정할 실린더의 수정치범위는 얼마인가? (단, 전부하 시 불균율 3%로 계산한다.)

① 101.85~108.15cc

② 100.1~100.5cc

③ 96.3~103.6cc

④ 89.7~95.8cc

10. 공기과잉률(λ)에 대한 설명이 바르지 못한 것은?

① 연소에 필요한 이론적 공기량에 대한 공급된 공기량과의 비를 말한다.
② 기관에 흡입된 공기의 중량을 알면 연료의 양을 결정할 수 있다.
③ 공기과잉률이 1에 가까울수록 출력은 감소하며 검은 연기를 배출하게 된다.
④ 자동차기관에서는 전부하(최대분사량)일 때 1.2~1.4 정도가 된다.

11. 반도체 소자로서 이중접합(PNP)에 적용되지 않는 것은?

① 사이리스터   ② 포토트랜지스터
③ 가변용량다이오드   ④ PNP트랜지스터

12. 지면과 직접 접촉은 하지 않으며 주행 중 가장 많은 완충작용을 하고 타이어규격 및 각종 정보가 표시된 부분은?

① 카커스(carcass)부   ② 트레드(tread)부
③ 사이드월(side wall)부   ④ 비드(bead)부

13. 종감속기어의 구동피니언잇수가 6, 링기어잇수가 42인 자동차가 평탄한 도로를 직진할 때 추진축의 회전수가 2,100rpm이라면 오른쪽 뒷바퀴의 회전수는?

① 150rpm   ② 300rpm
③ 450rpm   ④ 600rpm

14. 자동차용 축전지의 충전에 대한 설명으로 틀린 것은?

① 정전압충전은 충전시간 동안 일정한 전압을 유지하며 충전한다.
② 정전류충전은 충전 초기 많은 전류가 흘러 축전지에 손상을 줄 수 있다.
③ 정전류충전의 충전전류는 20시간율 용량의 10%로 선정한다.
④ 급속충전의 충전전류는 20시간율 용량의 50%로 선정한다.

15. 다음 중 신호등이 갖춰야 할 성능으로 옳지 않은 것은?

① 등화의 밝기는 낮에 150m 앞쪽에서 식별할 수 있도록 할 것
② 등화의 밝기는 밤에 100m 앞쪽에서 식별할 수 있도록 할 것
③ 태양광선이나 주위의 다른 빛에 의하여 그 표시가 방해받지 아니하도록 할 것
④ 등화의 빛의 발산각도는 사방으로 각각 45° 이상으로 할 것

16. 다음 중 말소등록된 자동차를 다시 등록하고자 할 때 신청하는 등록은?

① 경정등록
② 변경등록
③ 말소등록
④ 신규등록

17. 정기적성검사를 받지 않아 면허가 취소된 경우 면허시험에 응시하려면?

① 취소 후 즉시 응시가 가능하다.
② 취소된 날부터 1년 이상 지나야 한다.
③ 취소된 날부터 2년 이상 지나야 한다.
④ 취소된 날부터 6개월 이상 지나야 한다.

18. 다음 중 운전면허증을 반납해야 하는 경우에 해당하지 않는 것은?

① 운전면허증을 갱신한 경우
② 제1종 보통면허증을 취득한 자의 연습운전면허증
③ 운전면허증을 재발급받은 후 잃어버린 운전면허증을 찾은 경우
④ 제1종 보통면허를 가지고 있는 사람이 제1종 대형면허를 취득한 경우

19. 모든 차의 운전자가 차를 정차할 수 있는 장소는?

① 터널 안 및 다리 위
② 건널목의 가장자리 또는 횡단보도로부터 10m 이내인 곳
③ 교차로의 가장자리나 도로의 모퉁이로부터 5m 이내인 곳
④ 지방경찰청장이 도로에서의 위험을 방지하고 교통의 안전과 원활한 소통을 확
   보하기 위하여 필요하다고 인정하여 지정한 곳

20. 다음 중 운행하는 차량에 국토교통부령으로 정하는 기준에 적합한 운행기록장치
‘전자식 운행기록장치(digital tachograph)’를 장착하여야 하는 자에 해당하지 않
는 자는?

① 「여객자동차운수사업법」에 따른 여객자동차 운송사업자
② 「여객자동차운수사업법」에 따른 화물자동차 운송사업자
③ 「화물자동차운수사업법」에 따른 화물자동차 운송가맹사업자
④ 「여객자동차운수사업법」에 따른 화물자동차 운송가맹사업자

제10회 정답 및 해설

1. **정답** ①

해설 연소실 내 카본이 다량 부착되면 연소실체적이 작아져 압축비, 압축압력이 높아진다.

2. **정답** ②

해설 캠버의 기능

① 수직방향의 하중에 의한 앞차축의 휨을 방지한다.

② 킹핀경사각과 함께 조향핸들의 조작을 가볍게 한다.

③ 차량의 하중과 타이어의 접지 부분의 반작용으로 타이어의 아래쪽(폭)이 바깥쪽으로 벌어지려 하므로 정의 캠버를 둔다.

④ 타이어가 바깥쪽으로 굴러가려는 경향을 주어 조향을 쉽게 하기 위함이다.

⑤ 차륜의 상부가 안쪽으로 오므려짐(부의 캠버)을 방지하기 위함이다.

3. **정답** ②

해설 주차제동장치의 제동능력 및 조작력기준(「자동차 및 자동차부품의 성능과 기준에 관한 규칙」 제15조 제1항 제12호 관련)

구분		기준
1. 측정자동차의 상태		공차상태의 자동차에 운전자 1인이 승차한 상태
2. 측정 시 조작력	승용 자동차	발조작식의 경우 : 60킬로그램 이하
		손조작식의 경우 : 40킬로그램 이하
	그 밖의 자동차	발조작식의 경우 : 70킬로그램 이하
		손조작식의 경우 : 50킬로그램 이하
3. 제동능력		경사각 11도 30분 이상의 경사면에서 정지상태를 유지할 수 있거나 제동능력이 차량중량의 20퍼센트 이상일 것

4. **정답** ①

해설 삼각결선방식은 중성점의 전압을 이용하지 못했다.

5. **정답** ②

해설 편평(광폭)타이어의 장점
① 타이어의 높이가 낮고 폭이 넓어 발진, 선회, 가속, 제동성능이 좋고 로드홀딩이 우수하다.
② 보통 타이어보다 코너링포스가 15% 정도 향상된다.
③ 스탠딩웨이브가 발생되기 어렵다.
④ 옆방향 강도가 커서 선회저항이 감소하여 연료가 절감된다.
⑤ 타이어의 접지부가 넓어 힘이 분산되므로 내마모성이 크다.
⑥ 펑크가 났을 때 공기가 급격히 빠지지 않는다.

6. **정답** ②

해설 제동배력장치는 파스칼의 원리에 의해 압력이 커지거나 단면적이 커지면 제동배력이 커지며, 좌우의 압력차가 커지면 압력이 큰 쪽은 제동력이 커지고, 작은 쪽은 작아진다. 기관 내부의 압축압력과 제동력과는 관계가 없다.

7. **정답** ④

해설 브레이크오일이 갖추어야 할 조건
① 화학적으로 안정되고 침전물이 생기지 않을 것
② 알맞은 점도를 가지고 온도변화에 대한 점도변화가 적을 것
③ 비압축성 및 흡습성이 적고 윤활성이 있을 것
④ 비등점이 높아 베이퍼록을 일으키지 않을 것
⑤ 빙점이 낮고 인화점은 높을 것
⑥ 금속, 고무제품에 대해 부식, 연화, 팽윤을 일으키지 않을 것

8. **정답** ④

해설 예연소실식 장점
① 분사압력이 낮아 연료장치의 고장이 적고 수명이 길다.
② 사용연료변화에 둔감하므로 연료의 선택범위가 넓다.
③ 운전상태가 조용하고 노크 발생이 적다.

9. **정답** ①

해설 전체 분사량을 실린더수로 나눈 평균분사량을 구하고 불균율을 계산한다.

즉, 평균분사량 $= \dfrac{107+115+105+93}{4} = 105cc$

전부하 시 불균율은 ±3% 이내로 계산하기 때문에 평균분사량의 ±3% 이내에 있어야 합격이다.

∴ 105×0.97~105×1.03(평균분사량의 ±3%)인 101.85~108.15cc범위이다.

10. **정답** ③

해설 공기과잉률

실제 연소를 목적으로 이론공기량만을 공급하면 연료와 공기혼합의 불균일로 인해 완전연소가 되지 않는다. 따라서 완전연소를 수행시키기 위해서는 여분의 공기를 더 공급해주어야 한다.

공기과잉률(λ)＝실제 공급공기량/연소에 필요한 공기량

＝연소실 내의 혼합비/이론 혼합비

＝14.7 : 1/14.7 : 1

＝1

즉, 공기과잉률은 이론공연비(14.7 : 1)에 대한 실제 공연비의 비율로 나타내며, 1보다 작으면 ($\lambda < 1$) 연료가 많이 공급되어 CO, HC는 적게 배출되고, NOx는 많이 배출된다. 공기과잉률은 산소센서나 배선 불량, 냉각수온센서, 공기유량센서, ECU, PCV, EGR장치 등이 고장 나면 불량하게 된다. 공기과잉률이 1이라는 것은 이론공연비를 의미한다.

11. **정답** ①

해설 반도체 소자의 접합방식의 분류

① 무접합 : 접합면이 없는 것, 서미스터, CdS(황화카드뮴) 등

② 단접합 : 접합면이 1개, 다이오드

③ 이중접합 : 접합면이 2개, PNP, NPN형 트랜지스터

④ 다중접합 : 접합면이 3개 이상, 사이리스터

12. **정답** ③

해설 사이드월(side wall) 부분은 지면과 직접 접촉은 하지 않으며 주행 중 가장 많은 완충작용을 하고 타이어의 규격 및 각종 정보가 표시되어 있다.

13. **정답** ②

해설 오른쪽 회전수＝$\dfrac{\text{추진축회전수}}{\text{종감속비}}=\dfrac{2{,}100}{\dfrac{42}{6}}=300\text{rpm}$

14. **정답** ②

해설 정전류 충전은 일정한 전류가 흐르므로 축전지에 손상이 적으며, 충전 시작부터 완료 시까지 일정한 전류를 유지하여 충전시키는 방법이다.

15. **정답** ②

해설 「도로교통법 시행규칙」 제7조 제3항은 신호등이 갖춰야 할 성능을 규정하고 있는데 ②는 규정되어 있지 않다.

16. 정답 ④

해설 「자동차관리법」 제13조(말소등록) 제10항

말소등록된 자동차를 다시 등록하려는 경우에는 대통령령으로 정하는 바에 따라 신규등록을 신청하여야 한다. 이 경우 말소등록 당시 등록원부에 저당권 등이 설정되어 있었던 경우에는 해당 권리관계가 해소되었음을 국토교통부령으로 정하는 바에 따라 증명하여야 한다.

17. 정답 ①

해설 적성검사를 받지 아니하여 운전면허가 취소된 사람 또는 제1종 운전면허를 받은 사람이 적성검사에 불합격되어 다시 제2종 운전면허를 받으려는 경우에는 결격기간 없이 응시할 수 있다(법 제82조 제2항 제7호).

18. 정답 ④

해설 운전면허증 반납대상(법 제95조)

1. 운전면허 취소처분을 받은 경우
2. 운전면허효력 정지처분을 받은 경우
3. 운전면허증을 잃어버리고 다시 발급받은 후 그 잃어버린 운전면허증을 찾은 경우
4. 연습운전면허증을 받은 사람이 제1종 보통면허증 또는 제2종 보통면허증을 받은 경우
5. 운전면허증 갱신을 받은 경우

19. 정답 ①

해설 ① 「도로교통법」 제33조 제1호 : 모든 차의 운전자에 대한 주차가 금지되는 장소이다.

②, ③, ④ 「도로교통법」 제32조 제2 · 5 · 6호 : 모든 차의 운전자에 대한 정차 및 주차가 금지되는 장소이다.

20. 정답 ④

해설 ▶ 「교통안전법」 제55조(운행기록장치의 장착 및 운행기록의 활용 등) 제1항

다음 각 호의 어느 하나에 해당하는 자는 그 운행하는 차량에 국토교통부령으로 정하는 기준에 적합한 운행기록장치[전자식 운행기록장치(Digital Tachograph)]를 장착하여야 한다. 다만, 소형 화물차량 등 국토교통부령으로 정하는 차량은 그러하지 아니하다.

1. 「여객자동차운수사업법」에 따른 여객자동차 운송사업자
2. 「화물자동차운수사업법」에 따른 화물자동차 운송사업자 및 화물자동차 운송가맹사업자

▶ 「교통안전법 시행규칙」 제29조의3(운행기록장치 장착면제차량)

법 제1항 단서에서 "소형 화물차량 등 국토교통부령으로 정하는 차량"이란 다음 각 호의 어느 하나에 해당하는 차량을 말한다.

1. 「화물자동차운수사업법」 제2조 제3호에 따른 화물자동차운송사업용 자동차로서 최대 적재량 1톤 이하인 화물자동차
2. 「자동차관리법 시행규칙」 별표 1에 따른 경형 · 소형 특수자동차 및 구난형 · 특수작업형 특수자동차
3. 「여객자동차운수사업법」 제3조에 따른 여객자동차운송사업에 사용되는 자동차로서 2002년 6월 30일 이전에 등록된 자동차

제11회 파이널 모의고사

1. 가솔린자동차와 비교한 LPG자동차에 대한 설명으로 가장 적절한 것은? (단, LPI 자동차는 제외)

① 저속에서 노킹이 자주 발생한다.
② 연료공급펌프가 없다.
③ LPG는 압축행정 말 부근에서 완전한 기체상태가 된다.
④ 배기가스 중 유해물질이 많다.

2. 냉동사이클에서 저온·저압의 기체냉매를 고온·고압의 기체냉매로 만드는 장치는?

① 압축기
② 응축기
③ 증발기
④ 팽창밸브

3. 하이브리드시스템자동차가 정상적일 경우 기관을 시동하는 방법은?

① 하이브리드전동기와 기동전동기를 동시에 작동시켜 기관을 시동한다.
② 기동전동기만을 이용하여 기관을 시동한다.
③ 하이브리드전동기를 이용하여 기관을 시동한다.
④ 주행관성을 이용하여 기관을 시동한다.

4. 크랭크 각 센서의 설명 중 틀린 것은?

① 기관회전수와 크랭크축의 위치를 감지한다.
② 기본연료분사량과 기본점화시기에 영향을 준다.
③ 고장 발생 시 곧바로 정지된다.
④ 고장 발생 시 대체센서값을 이용한다.

5. 가솔린기관에서 공기와 연료의 혼합비(λ)에 대한 설명으로 틀린 것은?

① λ값이 1일 때를 이론 혼합비라 하고 CO의 양은 적다.

② λ값이 1보다 크면 공기과잉상태이다.

③ λ값이 1보다 작으면 농후해지고 CO의 양은 많아진다.

④ λ값이 1 부근일 때 질소산화물의 양은 최소이다.

6. 전자제어제동장치(ABS)에 대한 내용으로 옳은 것은?

① 모든 차륜에 동시에 최대제동압력을 작용시킨다.

② 페달답력에 따라 각 차륜에 작용하는 제동압력을 제어한다.

③ 좌우차륜의 노면상태가 다를 때 차륜이 고착되지 않도록 제동압력을 제어한다.

④ 차륜과 노면 사이에 미끄럼마찰이 발생되도록 제동압력을 제어한다.

7. 12V, 5W 전구 1개와 24V, 60W 전구 1개를 12V 배터리에 직렬로 연결하였다. 옳은 것은?

① 양쪽 전구가 똑같이 밝다.

② 5W 전구가 더 밝다.

③ 60W 전구가 더 밝다.

④ 5W 전구가 끊어진다.

8. 전자점화장치(HEI : High Energy Ignition)의 특성으로 틀린 것은?

① HC가스가 증가한다.

② 고속성능이 향상된다.

③ 최적의 점화시기 제어가 가능하다.

④ 점화성능이 향상된다.

9. 전자제어가솔린엔진의 연료분사방식에 대한 설명 중 동시분사방식에 해당하는 것은?

① 각 인젝터마다 최적의 타이밍으로 분사한다.

② 각 인젝터를 몇 개의 그룹으로 나누어 분사한다.

③ 엔진 1회전에 1회 모든 실린더에서 분사한다.

④ 엔진 4회전에 1회 모든 실린더에서 분사한다.

10. 기관의 윤활장치를 점검해야 하는 이유로 거리가 먼 것은?

① 윤활유의 소비가 많다.

② 유압이 높다.

③ 유압이 낮다.

④ 오일교환을 자주한다.

11. 진공배력식 브레이크의 하이드로백은 무엇을 이용하여 배력작용을 하는가?

① 대기압력

② 압축공기의 압력

③ 흡기다기관 내의 부압과 대기압력 차이

④ 배기다기관의 압력

12. 독립현가장치에 대한 설명으로 맞는 것은?

① 강도가 크고 구조가 간단한다.

② 타이어와 노면의 접지성이 우수하다.

③ 앞바퀴에 시미(shimmy)가 일어나기 쉽다.

④ 스프링 아래 무게가 커서 승차감이 좋다.

13. 일체식 차축현가방식의 특징으로 거리가 먼 것은?

① 앞바퀴에 시미 발생이 쉽다.

② 선회할 때 차체의 기울기가 크다.

③ 승차감이 좋지 않다.

④ 휠얼라인먼트의 변화가 적나.

14. ABS(Anti Lock Brake System)에 관한 설명 중 틀린 것은?

① ABS는 방향 안정성과 조종성을 확보하고 제동거리를 단축시킨다.

② 유압조정기(hydraulic control unit)는 브레이크마스터실린더유압을 직접 조절한다.

③ 휠스피드센서(wheel speed sensor)는 각 바퀴의 회전상태를 검출하여 컴퓨터로 입력시킨다.

④ ABS가 고장 나면 고장지시등이 시동 후에도 계속 점등되어 있다.

15. 다음 교통안전표지가 의미하는 것은?

① 농기계와 노면전차는 08 : 00~20 : 00 통행을 금지

② 경운기 · 트랙터 및 손수레는 08 : 00~20 : 00 통행을 금지

③ 경운기와 손수레는 08 : 00~20 : 00 통행을 금지

④ 트랙터와 손수레는 08 : 00~20 : 00 통행을 금지

16. 다음은 어린이통학버스 안전교육 위반 시의 과태료기준이다. 다음 빈칸에 들어갈 과태료금액으로 알맞은 것은?

> 어린이통학버스를 운영하려는 사람과 운전하는 사람은 어린이통학버스의 안전운행 등에 관한 교육을 받아야 한다. 이를 위반 시에는 미이수자에게 과태료 (a)를 부과하고, 어린이통학버스 안전교육을 받지 않은 사람에게 어린이통학버스를 운전하게 한 어린이통학버스의 운영자에게는 (b)에 과태료를 부과한다.

① a : 5만원, b : 6만원 ② a : 6만원, b : 8만원

③ a : 8만원, b : 6만원 ④ a : 8만원, b : 8만원

17. 다음 중 「도로교통법」상 제1종 보통면허로 운전할 수 있는 차량에 해당하지 않는 것은?

① 승차정원 15인 이하의 승합자동차

② 승차정원 12인 이하의 긴급자동차

③ 적재중량 12톤 미만의 화물자동차

④ 트레일러 및 레커를 제외한 총중량 12톤 이하의 특수자동차

18. 다음 중 「교통사고처리 특례법」상 중대법규 11개 항목 위반사고가 아닌 것은?

① 철길건널목 통과방법 위반 ② 제한속도를 매시 20km 초과

③ 앞지르기방법 또는 금지 위반 ④ 안전거리 미확보로 인한 사망사고

19. 시장 등은 버스의 원할한 소통을 위하여 특히 필요한 경우에는 누구와 협의하여 도로에 버스전용차로를 설치할 수 있는가?

① 경찰청장 ② 행정자치부장관
③ 도지사 ④ 지방경찰청장

20. 「도로교통법」상 고속도로에서의 정차 및 주차금지의 예외에 해당하는 경우가 아닌 것은?

① 자치경찰공무원의 지시에 따르거나 위험을 방지하기 위하여 일시정차 또는 주차시키는 경우
② 통행료를 내기 위하여 통행료를 받는 곳에서 정차하는 경우
③ 고장으로 길 가장자리구역에 정차 또는 주차시키는 경우
④ 교통이 밀려 움직일 수 없을 때

제11회 정답 및 해설

1. **정답** ②

해설 LPG를 연료로 사용하는 자동차에서는 봄베 내에서 높은 압력의 연료가 배출되므로 연료펌프가 없다.

2. **정답** ①

해설 냉동사이클에서 저온·저압의 기체냉매를 고온·고압의 기체냉매로 만드는 장치는 압축기이다.

3. **정답** ③

해설 하이브리드시스템에서는 하이브리드전동기를 이용하여 기관을 시동하는 방법과 기동전동기를 이용하여 시동하는 방법이 있으며, 시스템이 정상일 경우에는 하이브리드전동기를 이용하여 기관을 시동한다.

4. **정답** ④

해설 크랭크 각 센서가 고장일 경우에는 대체센서값을 이용하지 않기 때문에 엔진이 곧바로 정지된다.

5. **정답** ④

해설 λ값이 1 부근일 때 연소실 내부의 온도가 높아지므로 질소산화물의 발생량은 최대이다.

6. **정답** ③

해설 ABS는 주행 중 자동차를 제동할 때 타이어의 로크를 방지하는 예방안전시스템이다.

7. **정답** ②

해설 $R = \dfrac{E^2}{P}$ $[R : 저항, \ E : 전압, \ P : 전력]$

12V–5W 전구의 저항 $R = \dfrac{12^2}{5} = 28.8 \,\Omega$

24V–60W 전구의 저항 $R = \dfrac{24^2}{60} = 9.6 \,\Omega$

전력 $P = E \times I = I^2 R$에서 직렬로 연결하면 전류가 같으므로 소비전력이 큰(저항이 큰) 12V–5W 전구가 더 밝다.

8. **정답** ①

해설 HEI(고강력점화방식)의 특징
① 점화성능이 향상된다.
② 저속 및 고속성능이 향상된다.
③ 최적의 점화시기 제어가 가능하다.
④ 고출력점화코일을 사용하므로 완벽한 연소가 가능하다.
⑤ 노크 발생 시 점화시기를 지각시켜 노크 발생을 억제한다.

9. **정답** ③

해설 동시분사방식이란 엔진 1회전에 1회 모든 실린더에서 분사한다.

10. **정답** ④

해설 윤활장치의 점검은 윤활유의 소비가 많거나 유압이 규정보다 너무 높거나 낮을 때 점검한다.

11. **정답** ③

해설 하이드로백은 흡기다기관 내의 부압과 대기압력 차이를 이용하여 배력작용을 한다.

12. **정답** ②

해설 독립현가장치의 특징
① 차량의 높이를 낮게 할 수 있어 안전성이 좋다.
② 바퀴가 시미를 잘 일으키지 않고 로드홀딩이 좋다.
③ 스프링정수가 적은 스프링을 사용할 수 있다.
④ 스프링 아래 질량이 적어 승차감이 우수하다.
⑤ 일체차축현가에 비해 구조가 복잡하다.
⑥ 주행 시 바퀴의 움직임에 따라 윤거나 얼라인먼트가 변화하므로 타이어마모가 크다.

13. **정답** ②

해설 일체차축현가방식의 특징
① 구조가 간단하다.
② 바퀴가 차축을 지탱하므로 선회 시 차체의 기울기가 적다.
③ 휠얼라인먼트의 변화가 적다.
④ 승차감이 좋지 않다.
⑤ 앞바퀴에 시미 발생이 쉽다.

14. 정답 ②

해설 ABS(Anti Lock Brake System)

① 방향의 안정성과 조종성을 확보하고 제동거리를 단축시킨다.

② 휠스피드센서(wheel speed sensor)는 각 바퀴의 회전상태를 검출하여 컴퓨터로 입력시킨다.

③ 유압조절기(유압모듈레이터 ; HCU)는 ECU의 제어신호에 의해 각 휠실린더에 작용하는 유압을 조절한다.

④ ABS가 고장일 경우에는 고장지시등이 시동 후에도 계속 점등되어 있다.

15. 정답 ②

해설 ① 경운기 · 트랙터 및 손수레통행금지(207) 규제표지 : 경운기 · 트랙터 및 손수레의 통행을 금지하는 표지

② 시간(405) 보조표지 : 규제표지 또는 지시표지가 표시하는 교통규제 또는 지시의 시간(규제표지 또는 지시표지에 부착 · 설치)

③ 즉, 경운기 · 트랙터 및 손수레의 통행을 지정된 시간에 금지하는 것

16. 정답 ④

해설 「도로교통법」 제53조의3(어린이통학버스 운영자 등에 대한 안전교육)

① 어린이통학버스를 운영하는 사람과 운전하는 사람은 어린이통학버스의 안전운행 등에 관한 교육(이하 "어린이통학버스 안전교육"이라 한다)을 받아야 한다.

※ 이를 위반 시에는 미이수자에게 과태료 8만원을 부과하고, 또한 어린이통학버스 안전교육을 받지 않은 사람에게 어린이통학버스를 운전하게 한 어린이통학버스의 운영자에게는 8만원에 과태료를 부과한다.

17. 정답 ④

해설 제1종 보통면허로 운전할 수 있는 차량(「도로교통법 시행규칙」 별표 18)

① 승용자동차

② 승차정원 15인 이하의 승합자동차

③ 승차정원 12인 이하의 긴급자동차(승용 및 승합자동차에 한정한다)

④ 적재중량 12톤 미만의 화물자동차

⑤ 건설기계(도로를 운행하는 3톤 미만의 지게차에 한정한다)

⑥ 총중량 10톤 미만의 특수자동차(트레일러 및 레커는 제외한다)

⑦ 원동기장치자전거

18. 정답 ④

해설 「교통사고처리 특례법」 11대 중대법규 위반사고

1. 신호 및 지시위반

2. 중앙선 침범 및 고속도로 · 전용도로에서 횡단, 유턴, 후진 위반

3. 과속(제한속도 20km 초과)

4. 앞지르기 방법, 금지 위반
5. 철길건널목 통과방법 위반
6. 횡단보도에서의 보행자보호의무 위반
7. 무면허운전
8. 주취운전
9. 보도침범 및 보도횡단방법 위반
10. 승객추락 방지의무 위반
11. 어린이보호구역에서 어린이 신체를 상해한 경우의 사고

19. 정답 ④

해설 「도로교통법」 제15조 제1항 및 제2항
1. 설치권자 : 시장 등은 원활한 교통을 확보하기 위하여 특히 필요한 경우에는 지방경찰청장이나 경찰서장과 협의하여 도로에 전용차로(차의 종류나 승차인원에 따라 지정된 차만 통행할 수 있는 차로를 말한다. 이하 같다)를 설치할 수 있다.
2. 공고권자 : 시장 등과 경찰청장은 전용차로를 설치하거나 폐지한 경우에는 그 구간과 기간 및 통행시간 등을 정하여(폐지하는 경우에는 통행시간을 제외한다) 고시하고 신문 · 방송 등을 통하여 널리 알려야 한다.

20. 정답 ①

해설 고속도로 등에서의 정차 및 주차금지의 예외(제64조)
1. 법령의 규정 또는 경찰공무원(자치경찰공무원은 제외한다)의 지시에 따르거나 위험을 방지하기 위하여 일시정차 또는 주차시키는 경우
2. 정차 또는 주차할 수 있도록 안전표지를 설치한 곳이나 정류장에서 정차 또는 주차시키는 경우
3. 고장이나 그 밖의 부득이한 사유로 길 가장자리구역(갓길을 포함한다)에 정차 또는 주차시키는 경우
4. 통행료를 내기 위하여 통행료를 받는 곳에서 정차하는 경우
5. 도로의 관리자가 고속도로 등을 보수 · 유지 또는 순회하기 위하여 정차 또는 주차시키는 경우
6. 경찰용 긴급자동차가 고속도로 등에서 범죄수사, 교통단속이나 그 밖의 경찰임무를 수행하기 위하여 정차 또는 주차시키는 경우
7. 교통이 밀리거나 그 밖의 부득이한 사유로 움직일 수 없을 때에 고속도로 등의 차로에 일시정차 또는 주차시키는 경우

파이널 모의고사

1. Y결선과 △결선에 대한 설명으로 옳은 것은?

① Y결선의 선간전류는 상전류의 $\sqrt{3}$ 배이다.

② △결선의 선간전압은 상전압의 $\sqrt{3}$ 배이다.

③ 승용자동차용 교류발전기는 중성점의 전압을 이용할 수 있는 Y결선방식을 많이 사용한다.

④ 자동차의 점화코일권선에 적용된다.

2. 디젤기관의 연소실을 상대 비교했을 때 와류실식 연소실의 단점에 해당되지 않는 것은?

① 분사노즐의 상태에 민감하게 반응한다.

② 시동할 때 예열플러그가 필요하다.

③ 저속에서 노크가 일어나기 쉽다.

④ 실린더헤드의 구조가 복잡하다.

3. 4행정사이클기관에서 블로다운(blowdown)현상이 일어나는 행정은?

① 배기행정 말~흡입행정 초

② 흡입행정 말~압축행정 초

③ 폭발행정 말~배기행정 초

④ 압축행정 말~폭발행정 초

4. 후륜구동자동차에서 최고출력이 70PS인 엔진이 4,200rpm으로 회전하고 있다. 총감속비가 4.2라면 이때 후차축의 회전수는?

① 500rpm

② 750rpm

③ 1,000rpm

④ 1,250rpm

5. 휠얼라인먼트요소에 대한 설명으로 가장 거리가 먼 것은?

① 캠버는 조향축경사와 함께 조향핸들의 조작을 가볍게 한다.

② 캠버는 수직방향의 하중에 의한 앞차축의 휨을 방지한다.

③ 캐스터는 주행 중 조향바퀴에 방향성을 준다.

④ 캐스터는 앞바퀴를 평행하게 회전시킨다.

6. LPG자동차에서 연료공급계통순서가 맞는 것은?

① 봄베 → 긴급차단밸브 → 연료파이프 → 연료필터 → 액·기상 솔레노이드밸브 → 베이퍼라이저 → 믹서 → 엔진

② 봄베 → 긴급차단밸브 → 연료파이프 → 연료필터 → 액·기상 솔레노이드밸브 → 믹서 → 베이퍼라이저 → 엔진

③ 봄베 → 긴급차단밸브 → 액·기상 솔레노이드 밸브 → 엔진

④ 봄베 → 믹서 → 연료파이프 → 연료필터 → 액·기상 솔레노이드밸브 → 베이퍼라이저 → 긴급차단밸브 → 엔진

7. 자동차가 주행할 때 배기파이프로부터 검은 연기가 발생하는 원인이 아닌 것은?

① 연료분사량이 지나치게 많다.　　② 기관의 압축압력이 낮다.

③ 연료분사시기가 지나치게 빠르다.　④ 연료분사개시압력이 지나치게 높다.

8. 하이드로플래닝현상을 방지하기 위한 방법으로 가장 거리가 먼 것은?

① 러그형 패턴의 타이어를 사용한다.

② 트레드의 마모가 적은 타이어를 사용한다.

③ 타이어의 공기압력을 높인다.

④ 주행속도를 낮춘다.

9. 듀오서보형 브레이크의 설명으로 맞는 것은?

① 전진 시 브레이크를 작동할 때만 2개의 브레이크슈가 자기배력작용을 한다.

② 후진 시 브레이크를 작동할 때만 1개의 브레이크슈가 자기배력작용을 한다.

③ 전·후진 모두 브레이크가 작동할 때 2개의 브레이크슈가 자기배력작용을 한다.

④ 후진 시 브레이크를 작동할 때만 2개의 브레이크슈가 자기배력작용을 한다.

10. 어떤 4사이클 6실린더 디젤엔진에서 연료분사펌프의 제어랙을 전부하상태로 하고 최대회전수를 1,400rpm으로 분사량을 시험한 결과 다음 표와 같은 결과를 얻었다. 수정해야 할 실린더는?

실린더	1	2	3	4	5	6
cc	100	101	98	96	101	104

① 3, 4번   ② 2, 6번

③ 4, 6번   ④ 3, 6번

11. 피스톤링에 대한 설명으로 틀린 것은?

① 오일을 제어하고 피스톤의 냉각에 기여한다.

② 내열성 및 내마모성이 좋아야 한다.

③ 높은 온도에서 탄성을 유지해야 한다.

④ 실린더블록의 재질보다 경도가 높아야 한다.

12. 온도와 저항의 관계를 설명한 것으로 옳은 것은?

① 일반적인 반도체는 온도가 높아지면 저항이 작아진다.

② 도체의 경우는 온도가 높아지면 저항이 작아진다.

③ 부특성 서미스터는 온도가 낮아지면 저항이 작아진다.

④ 정특성 서미스터는 온도가 높아지면 저항이 작아진다.

13. 비중 1.260(20℃)의 묽은 황산 1ℓ 속에 40%(중량)의 황산이 포함되어 있으면 물은 몇 g 포함되어 있는가?

① 650g   ② 712g

③ 756g   ④ 819g

14. 연료전지의 장점에 해당되지 않는 것은?

① 상온에서 화학반응을 하므로 위험성이 적다.

② 에너지의 밀도가 매우 크다.

③ 연료를 공급하여 연속적으로 전력을 얻을 수 있으므로 충전이 필요 없다.

④ 출력밀도가 크다.

15. 다음 중 보행등의 설치기준으로 잘못된 것은?

① 번화가의 교차로, 역 앞의 횡단보도로서 보행자의 통행이 빈번한 곳에 설치한다.

② 차량신호만으로는 보행자에게 언제 통행권이 있는지 분별하기 어려울 경우에 설치한다.

③ 차도의 폭이 12m 이상인 교차로 또는 횡단보도에서 차량신호가 변하더라도 보행자가 차도 내에 남을 때가 많은 경우에 설치한다.

④ 차량신호가 설치된 교차로의 횡단보도로서 1일 중 횡단보도의 통행량이 가장 많은 1시간 동안의 횡단보행자가 150명을 넘는 곳에 설치한다.

16. 혈중알코올농도가 0.2% 이상인 사람이 자동차를 운전하였을 경우의 벌금은?

① 300만원 이하의 벌금

② 500만원 이하의 벌금

③ 300만원 이상 500만원 이하의 벌금

④ 500만원 이상 1천만원 이하의 벌금

17. 다음 안전표지에 대한 설명으로 맞는 것은?

① 자전거횡단도임을 표시하는 것이다.

② 자전거전용도로임을 표시하는 것이다.

③ 자전거주차장에 주차하도록 지시하는 것이다.

④ 자전거우선도로임을 표시하는 것이다.

18. 다음 중 교통안전교육의 내용이 아닌 것은?

① 안전운전능력

② 운전자가 갖추어야 하는 기본예절

③ 교통안전법

④ 교통안전의 확보를 위하여 필요한 사항

19. 정차 및 주차금지에 관한 내용 중 틀린 것은?

① 교차로의 가장자리 또는 도로의 모퉁이로부터 5m 이내의 장소에는 주·정차할 수 없다.

② 안전지대가 설치된 도로에서는 그 안전지대의 사방으로부터 각각 10m 이내의 장소에는 주·정차할 수 없다.

③ 차도와 보도에 걸쳐 설치된 주차장법에 따라 노상주차장에 주·정차할 수 없다.

④ 건널목의 가장자리 또는 횡단보도로부터 10m 이내의 장소에는 주·정차할 수 없다.

20. 다음 중 운행기록장치 '전자식 운행기록장치(digital tachograph)'를 장착하지 않아도 되는 자동차에 해당하지 않는 것은?

① 「여객자동차운수사업법」 제3조에 따른 여객자동차운송사업에 사용되는 자동차로서 2002년 6월 30일 이후에 등록된 자동차

② 「화물자동차운수사업법」 제2조 제3호에 따른 화물자동차운송사업용 자동차로서 최대적재량 1톤 이하인 화물자동차

③ 「자동차관리법 시행규칙」 제2조 제2항에 따른 경형·소형 특수자동차 및 구난형·특수작업형 특수자동차

④ 「여객자동차운수사업법」 제3조에 따른 여객자동차운송사업에 사용되는 자동차로서 2002년 6월 30일 이전에 등록된 자동차

제12회 정답 및 해설

1. **정답** ③

해설 교류발전기는 중성점의 전압을 이용할 수 있는 Y결선방식을 많이 사용하며, Y결선의 선간전압은 상전압의 $\sqrt{3}$ 배이고, △결선의 선간전류가 상전류의 $\sqrt{3}$ 배이다.

2. **정답** ①

해설 와류실식 연소실의 단점
① 시동할 때 예열플러그가 필요하다.
② 저속에서 노크가 일어나기 쉽다.
③ 실린더헤드의 구조가 복잡하다.
④ 직접분사식에 비해 열효율이 낮고 연료소비율이 높다.

3. **정답** ③

해설 블로다운(blow-down)이란 폭발행정 말기, 배기행정 초기에 배기밸브가 열려 피스톤이 내려가고 있는데도 자체 가스의 압력으로 연소가스가 배출되는 현상이다.

4. **정답** ③

해설 후차축의 회전수 $= \dfrac{\text{엔진회전수}}{\text{종감속비}} = \dfrac{4,200}{4.2} = 1,000$

5. **정답** ④

해설 ① 캠버는 조향축경사와 함께 조향핸들의 조작을 가볍게 하고, 수직방향의 하중에 의한 앞차축의 휨을 방지한다.
② 캐스터는 주행 중 조향바퀴에 방향성과 복원력을 준다.
③ 토인은 앞바퀴를 평행하게 회전시키고 타이어마멸을 방지하며 사이드슬립을 방지한다.

6. **정답** ①

해설 LPG연료장치의 연료공급순서 : 봄베(LPG탱크) → 긴급차단밸브 → 연료파이프 → 연료여과기(필터) → 액·기상 솔레노이드밸브(전자밸브) → 베이퍼라이저(감압·조압, 기화) → 믹서 → 개별 실린더

7. 정답 ④

해설 검은 연기가 발생하는 원인
　　① 연료분사량이 지나치게 많다.
　　② 기관의 압축압력이 낮다.
　　③ 연료분사시기가 지나치게 빠르다.
　　④ 공기청정기 엘리먼트가 막혔다.

8. 정답 ①

해설 하이드로플래닝현상 방지방법
　　① 리브형 패턴의 타이어를 사용한다.
　　② 트레드의 마모가 적은 타이어를 사용한다.
　　③ 타이어의 공기압력을 높인다.
　　④ 주행속도를 낮춘다.

9. 정답 ③

해설 ① 듀오서보형 브레이크 : 전·후진 모두 브레이크가 작동할 때 2개의 브레이크슈가 자기배
　　　작용을 한다.
　　② 유니서보형 브레이크 : 전진에서 브레에크를 작동할 때만 2개의 브레이크슈가 자기배력
　　　작용을 한다.

10. 정답 ③

해설 ① 평균분사량 $= \dfrac{100+101+98+96+101+104}{6} = 100$

　　② 수정치의 한계가 ±3%이므로 100×0.03=3
　　③ 최대분사량 : 100+3=103cc
　　④ 최소분사량 100-3=97cc
　　⑤ 평균분사량의 ±3 이내여야 하므로 97~103cc가 나와야 합격이다.
　　∴ 수정하여야 할 실린더는 4번과 6번이다.

11. 정답 ④

해설 ①, ②, ③항이 옳은 설명이고 피스톤링의 경도는 실린더블록의 재질보다 작아야 한다.

12. 정답 ①

해설 도체의 경우는 온도 상승에 따라 분자의 운동이 활발해지므로 저항이 증가하는 정온도특성
을 가진다. 정특성 서미스터는 온도가 높아지면 저항이 커지는 것을, 부특성 서미스터는 온
도가 낮아지면 저항이 커지는 것을 말한다.

13. **정답** ③

> **해설** 1,260g 중 물은 60% 있으므로 1,260×0.6＝756g이다.

14. **정답** ④

> **해설** 연료전지의 장점
>
> ① 연료를 공급하여 연속적으로 전력을 얻을 수 있으므로 충전이 필요 없다.
> ② 에너지의 밀도가 매우 크다.
> ③ 상온에서 화학반응을 하므로 위험성이 적다.

15. **정답** ③

> **해설** 차도의 폭이 16m 이상인 교차로 또는 횡단보도에서 차량신호가 변하더라도 보행자가 차도 내에 남을 때가 많을 경우에 설치한다(「도로교통법 시행규칙」 별표 3).
>
> ▶ 보행등의 설치기준(「도로교통법 시행규칙」 별표 3)
>   1. 차량신호기가 설치된 교차로의 횡단보도로서 1일 중 횡단보도의 통행량이 가장 많은 1시간 동안의 횡단보행자가 150명을 넘는 곳에 설치
>   2. 번화가의 교차로, 역 앞 등의 횡단보도로서 보행자의 통행이 빈번한 곳에 설치
>   3. 차량신호만으로는 보행자에게 언제 통행권이 있는지 분별하기 어려울 경우에 설치
>   4. 차도의 폭이 16m 이상인 교차로 또는 횡단보도에서 차량신호가 변하더라도 보행자가 차도 내에 남을 때가 많을 경우에 설치
>   5. 어린이보호구역 등 내 초등학교 또는 유치원 등의 주출입문과 가장 가까운 거리에 위치한 횡단보도

16. **정답** ④

> **해설** 술에 취한 상태에서 자동차 등을 운전한 사람의 처벌(법 제148조 제2항)
>   1. 혈중알코올농도가 0.2% 이상인 사람 : 1년 이상 3년 이하의 징역이나 500만원 이상 1천만원 이하의 벌금
>   2. 혈중알코올농도가 0.1% 이상 0.2% 미만인 사람 : 6개월 이상 1년 이하의 징역이나 300만원 이상 500만원 이하의 벌금
>   3. 혈중알코올농도가 0.05% 이상 0.1% 미만인 사람 : 6개월 이하의 징역이나 300만원 이하의 벌금

17. **정답** ④

> **해설** 자전거우선도로(535의 2)의 노면표시 : 자전거우선도로 시점·종점 및 구간 내 필요한 지점에 설치

18. **정답** ③

> **해설** 「도로교통법」 제73조 제1항 참조
> 운전면허를 받으려는 사람은 대통령령으로 정하는 바에 따라 자동차 등 및 도로교통에 관한

법령에 대한 지식과 자동차 등의 관리방법과 안전운전에 필요한 점검의 요령에 따른 시험에 응시하기 전에 ①, ②, ④ 외에 도로교통에 관한 법령과 지식, 어린이·장애인 및 노인의 교통사고예방에 관한 사항, 친환경 경제운전에 필요한 지식과 기능에 관한 교통안전교육을 받아야 한다.

19. 정답 ③

해설 정차 및 주차금지(「도로교통법」 제32조)
1. 교차로·횡단보도·건널목이나 보도와 차도가 구분된 도로의 보도(차도와 보도에 걸쳐서 설치된 노상주차장은 제외한다)
2. 교차로의 가장자리나 도로의 모퉁이로부터 5미터 이내인 곳
3. 안전지대가 설치된 도로에서는 그 안전지대의 사방으로부터 각각 10미터 이내인 곳
4. 버스여객자동차의 정류지(停留地)임을 표시하는 기둥이나 표지판 또는 선이 설치된 곳으로부터 10미터 이내인 곳. 다만, 버스여객자동차의 운전자가 그 버스여객자동차의 운행시간 중에 운행노선에 따르는 정류장에서 승객을 태우거나 내리기 위하여 차를 정차하거나 주차하는 경우에는 그러하지 아니한다.
5. 건널목의 가장자리 또는 횡단보도로부터 10미터 이내인 곳
6. 지방경찰청장이 도로에서의 위험을 방지하고 교통이 안전과 원활한 소통을 확보하기 위하여 필요하다고 인정하여 지정한 곳

20. 정답 ①

해설 ▶「교통안전법」 제55조(운행기록장치의 장착 및 운행기록의 활용 등) 제1항
다음 각 호의 어느 하나에 해당하는 자는 그 운행하는 차량에 국토교통부령으로 정하는 기준에 적합한 운행기록장치[전자식 운행기록장치(Digital Tachograph)]를 장착하여야 한다. 다만, 소형 화물차량 등 국토교통부령으로 정하는 차량은 그러하지 아니하다.
1. 「여객자동차운수사업법」에 따른 여객자동차 운송사업자
2. 「화물자동차운수사업법」에 따른 화물자동차 운송사업자 및 화물자동차 운송가맹사업자
▶「교통안전법 시행규칙」 제29조의3(운행기록장치 장착면제차량)
법 제1항 단서에서 "소형 화물차량 등 국토교통부령으로 정하는 차량"이란 다음 각 호의 어느 하나에 해당하는 차량을 말한다.
1. 「화물자동차운수사업법」 제2조 제3호에 따른 화물자동차운송사업용 자동차로서 최대적재량 1톤 이하인 화물자동차
2. 「자동차관리법 시행규칙」 별표 1에 따른 경형·소형 특수자동차 및 구난형·특수작업형 특수자동차
3. 「여객자동차운수사업법」 제3조에 따른 여객자동차운송사업에 사용되는 자동차로서 2002년 6월 30일 이전에 등록된 자동차

파이널 모의고사

1. 가솔린기관과 비교한 LPG기관의 특징으로 가장 거리가 먼 것은?

① 유해배출물 발생이 적다.　　② 카본 발생이 적다.
③ 엔진오일의 점도저하가 크다.　④ 엔진오일의 오염이 적다.

2. LPG자동차에서 화재 등으로 봄베의 주위온도가 높아지거나 압력이 상승할 경우는?

① 안전밸브에서 LPG를 차단한다.
② 안전밸브에서 LPG를 방출한다.
③ 과류 방지밸브에서 LPG를 차단한다.
④ 기상밸브에서 LPG를 방출한다.

3. 다음 중 제동효과에 영향을 주는 요소가 아닌 것은?

① 차량총중량　　　② 제동초속도
③ 등판구배　　　　④ 바퀴의 고착

4. ABS장치에서 ECU의 출력신호에 의해 각 휠실린더의 유압을 직접 제어하는 장치는?

① 스피드센서　　　② ABS경고등
③ 하이드롤릭유닛　④ ABS릴레이

5. ABS(Anti Lock Brake System)의 장점이 아닌 것은?

① 급제동 시 방향 안정성을 유지할 수 있다.
② 급제동 시 조향성을 확보해준다.
③ 타이어와 노면의 마찰계수가 클수록 제동거리가 단축된다.
④ 급선회구동력을 제한하여 선회성능을 향상시킨다.

6. 교류발전기의 작동에 대한 설명으로 맞는 것은?

① 점화스위치 ON상태에서는 자여자식으로 스테이터철심이 자화된다.

② 기관이 시동되면 스테이터코일에서 발생한 교류는 정류자에 의하여 정류된다.

③ 기관 공전 시에도 발전이 가능하다.

④ 엔진회전속도가 1,000rpm 이상이면 로터코일은 타여자식으로 자화된다.

7. 12V 60AH인 축전지가 방전되어 정전류충전법으로 보충전하려고 할 때 표준충전전류값은? (단, 축전지용량은 20시간율 용량이다.)

① 3A

② 6A

③ 9A

④ 12A

8. 조향장치의 구비조건으로 틀린 것은?

① 조향휠의 조작력은 저속 시에는 무겁게 하고, 고속 시에는 가볍게 한다.

② 조향핸들의 회전과 바퀴의 선회차이가 크지 않게 한다.

③ 선회 시 저항이 적고, 선회 후 복원성이 좋게 한다.

④ 조작이 쉽고 방향변환이 원활하게 한다.

9. 다음 (   )에 들어갈 말로 옳은 것은?

NOx는 (㉠)의 화합물이며, 일반적으로 (㉡)에서 쉽게 반응한다.

① ㉠ 일산화탄소와 산소   ㉡ 저온

② ㉠ 일산화질소와 산소   ㉡ 고온

③ ㉠ 질소와 산소   ㉡ 저온

④ ㉠ 질소와 산소   ㉡ 고온

10. 주행 중 타이어에서 나타나는 하이드로플레이닝현상을 방지하기 위한 방법으로 틀린 것은?

① 승용차의 타이어는 가능한 리브패턴을 사용할 것

② 트레드패턴은 카프 모양으로 세이빙가공한 것을 사용할 것

③ 타이어공기압을 규정보다 낮추고 주행속도를 높일 것

④ 트레드패턴의 마모가 규정 이상 마모된 타이어는 고속주행 시 교환할 것

11. 다음 중 맞는 내용은 모두 몇 개인가?

> - ABS는 마찰계수의 회복을 위해 자동차바퀴의 회전속도를 검출하여 바퀴가 록되지 않도록 유압을 제어하는 것이다.
> - EBD는 기계적 밸브인 P밸브를 전자적인 제어로 바꾼 것이다.
> - TCS는 구동륜에서 발생하는 슬립을 억제하여 출발 시나 선회 시 원활한 주행을 유도히는 것이다.
> - VDC는 주행 중 차량이 긴박한 상황에서 자세를 능동적으로 변화시키는 장치이다.

① 1개   ② 2개
③ 3개   ④ 4개

12. 신냉매(R-134a)의 특징으로 틀린 것은?

① 다른 물질과 쉽게 반응하지 않는다.
② R-12(구냉매)와 유사한 열역학적 성질이 있다.
③ 오존을 파괴하는 염소가 없다.
④ 불연성이고 독성이 있다.

13. LPG의 특징 중 틀린 것은?

① 액체상태의 비중은 0.5이다.
② 기체상태의 비중은 1.5~2.0이다.
③ 무색 무취이다.
④ 공기보다 가볍다.

14. 기관의 컨트롤유닛(ECU)에서 냉각수온도를 검출하는 이유에 해당되지 않는 것은?

① 냉각상태에서의 마찰력을 적게 하기 위해서 엔진의 회전수를 제한한다.
② 냉각시동 시 흡기계통 또는 실린더 내부에 응착되는 연료를 감안해서 인젝터의 분사량을 많이 해준다.
③ 공전조절장치를 통해서 엔진의 공회전수를 상향조정하여 빠른 워밍업을 유도한다.
④ 흡기계통에 공급되는 증발가스 유입밸브를 닫아서 정상온도가 될 때까지 증발가스의 유입을 중단한다.

15. 「도로교통법」상 보도의 정의로서 맞는 것은?

① 보행자의 통행을 위하여 연석선, 안전표지 기타 이와 비슷한 인공구조물로 구획된 도로의 부분을 말한다.

② 차도가 구분되지 않은 도로의 부분을 말한다.

③ 보행자가 도로를 횡단할 수 있도록 안전표지로 표시한 도로의 부분을 말한다.

④ 보도와 차도가 구분되지 아니한 도로에서 보행자의 안전을 확보하기 위하여 안전표지 등으로 그 경계를 표시한 도로의 가장자리 부분을 말한다.

16. 다음 중 어린이통학버스에 대한 규정과 관련하여 옳지 않은 것은?

① 어린이통학버스를 운영하는 사람은 어린이통학버스 안전교육을 받지 아니한 사람에게 어린이통학버스를 운전하게 하여서는 아니 된다.

② 어린이통학버스 안전교육 중 정기안전교육은 어린이통학버스를 계속해서 운영하는 사람과 운전하는 사람을 대상으로 3년마다 정기적으로 실시한다.

③ 모든 차의 운전자는 어린이나 영유아를 태우고 있다는 표시를 한 상태로 도로를 통행하는 어린이통학버스를 앞지르지 못한다.

④ 어린이의 승차 또는 하차를 도와주는 보호자를 태우지 아니한 어린이통학버스를 운전하는 사람은 어린이가 승차 또는 하차하는 때에 자동차에서 내려서 어린이나 영유아가 안전하게 승하차하는 것을 확인하여야 한다.

17. 운전면허처분에 대한 이의신청기간은?

① 처분을 받은 날부터 30일 이내   ② 처분을 받은 날부터 60일 이내

③ 처분을 받은 날부터 3개월 이내   ④ 처분을 받은 날부터 6개월 이내

18. 인적피해교통사고를 발생시켰을 경우 「교통사고처리 특례법」 제3조 제2항 단서에서 규정한 무면허운전에 해당되지 않는 것은?

① 제1종 보통면허만을 소지한 운전자가 배기량 250cc의 이륜자동차를 운전 중 야기한 교통사고

② 제2종 보통면허(자동변속기)만을 소지한 운전자가 수동변속기인 1톤 화물자동차를 운전 중 야기한 교통사고

③ 제1종 대형면허만을 소지한 운전자가 레커를 운전 중 야기한 교통사고

④ 제1종 특수면허(레커면허)만을 소지한 운전자가 긴급자동차를 운전 중 야기한 교통사고

19. 교차로에서 폭이 좁은 도로의 승용차와 넓은 도로에서 진입하는 건설기계와의 통행 우선순위는?

① 좁은 도로의 승객을 태운 승용차가 우선한다.
② 먼저 신호한 차가 우선한다.
③ 폭이 넓은 도로의 건설기계가 우선한다.
④ 건설기계는 승용차의 진입을 방해해서는 아니 된다.

20. 경찰서장이 위법 인공구조물을 보관할 때 공고 또는 열람부에 작성하여야 하는 것이 아닌 것은?

① 해당 인공구조물 등을 보관한 장소
② 해당 인공구조물의 단가
③ 해당 인공구조물 등의 명칭·종류·형상 및 수량
④ 해당 인공구조물 등이 설치되어 있던 장소 및 그 인공구조물 등을 제거한 일시

제13회 정답 및 해설

1. **정답** ③

해설 LPG기관의 특징
   ① 유해배출물 발생이 적다.
   ② 카본 발생이 적다.
   ③ 엔진오일의 오염이 적다.

2. **정답** ②

해설 봄베의 주위온도가 높아지거나 압력이 상승하면 안전밸브에서 LPG를 방출한다.

3. **정답** ③

해설 제동성능에 영향을 주는 요소에는 차량총중량, 제동초속도, 바퀴의 고착, 브레이크압력을 가하는 방법 등이 있다.

4. **정답** ③

해설 ABS의 구성부품
   ① ECU : 각 바퀴가 고착되는 것을 감지하여 휠실린더의 유압을 적절하게 조절하는 모듈레이터를 제어한다.
   ② 하이드롤릭유닛(유압모듈레이터, HCU) : ECU의 제어신호에 의해 각 휠실린더에 작용하는 유압을 조절한다.
   ③ 휠스피드센서 : 전자유도작용을 이용하며, 각 바퀴에 설치되어 바퀴의 회전속도를 검출하여 ECU에 입력시키는 역할을 한다.
   ④ ABS경고등 : ABS시스템의 결함이 있는 경우 점등되어 운전자에게 알린다.

5. **정답** ④

해설 ABS의 설치목적
   ① 미끄러짐을 방지하여 차체의 안전성을 유지한다.
   ② ECU에 의해 브레이크를 컨트롤하여 조종성을 확보한다.
   ③ 제동거리를 단축시킨다.
   ④ 앞바퀴의 잠김으로 인한 조향능력 상실을 방지한다.
   ⑤ 뒷바퀴의 잠김으로 인한 차체스핀에 의한 전복을 방지한다.

6. **정답** ③

해설 교류발전기의 작동
① 점화스위치 ON상태에서는 타여자식으로 로터철심이 자화된다.
② 기관이 시동되면 스테이터코일에서 발생한 교류는 실리콘다이오드에 의하여 정류된다.
③ 기관 공전에서도 발전이 가능하다.
④ 엔진회전속도가 1,000rpm 이상이면 스테이터코일에서 발생한 전류가 여자다이오드를 통하여 로터코일에 공급된다.

7. **정답** ②

해설 정전류충전의 표준충전전류는 축전지용량의 10%이며, 최대충전전류는 20%, 최소충전전류는 5%이다.
∴ 60AH×0.1=6A

8. **정답** ①

해설 조향장치가 갖추어야 할 조건
① 조작하기 쉽고 방향전환이 원활하게 행해질 것
② 회전반경이 적을 것
③ 조향핸들과 바퀴의 선회차이가 크지 않을 것
④ 조향조작이 주행 중의 충격에 영향을 받지 않을 것
⑤ 고속주행에도 조향휠이 안정되고 복원력이 좋을 것
⑥ 조향휠의 조작은 저속에서는 가볍게 하고, 고속에서는 적절히 무거울 것

9. **정답** ④

해설 NOx는 질소(N)와 산소(O)의 화합물이며, 일반적으로 고온에서 쉽게 반응한다.

10. **정답** ③

해설 하이드로플래닝현상의 방지방법
① 물 배출이 용이한 리브패턴타이어를 사용한다.
② 트레드마모가 적은 타이어를 사용한다.
③ 카프(가로홈)형으로 세이빙가공한 것을 사용한다.
④ 타이어공기압을 높인다.
⑤ 차량의 속도를 감속한다.

11. **정답** ④

해설 모두 맞는 내용이다.

12. 정답 ④

해설 신냉매(R-134a)의 특징
① 다른 물질과 쉽게 반응하지 않는다.
② R-12(구냉매)와 유사한 열역학적 성질이 있다.
③ 오존을 파괴하는 염소가 없다.
④ 불연성이고 독성은 없다.

13. 정답 ④

해설 LPG는 기체상태에서 공기보다 약 1.5~2배 정도가 무겁다.

14. 정답 ①

해설 컨트롤유닛에서 냉각수온도를 검출하는 이유
① 냉각된 상태에서 시동할 때 흡입계통 또는 실린더 내부에 응착되는 연료를 감안해 인젝터의 분사량을 많이 해준다.
② 공전조절장치를 통해서 엔진의 공전속도를 상향조정하여 빠른 워밍업을 유도한다.
③ 흡입계통에 공급되는 증발가스 유입밸브를 닫아서 정상온도가 될 때까지 증발가스의 유입을 중단하다.

15. 정답 ①

해설 「도로교통법」상 보도란 보행자의 통행을 위하여 연석선, 안전표지 기타 이와 비슷한 인공구조물로 구획된 도로의 부분을 말한다.

16. 정답 ②

해설 「도로교통법」 제53조의3 제2항 제2호에 의하면 정기안전교육은 어린이통학버스를 계속하여 운영하는 사람과 운전하는 사람을 대상으로 2년마다 정기적으로 실시한다.
① 법 제53조의3(어린이통학버스 운영자 등에 대한 교육) 제3항
③ 법 제51조(어린이통학버스의 특별보호) 제3항
④ 법 제53조의2(보호자가 동승하지 아니한 어린이통학버스 운전자의 의무)

17. 정답 ②

해설 운전면허의 취소처분 또는 정지처분에 대하여 이의가 있는 사람은 그 처분을 받은 날부터 60일 이내에 지방경찰청장에게 이의신청을 할 수 있다(법 제49조 제1항).

18. 정답 ②

해설 제2종 보통면허(자동변속기)만을 소지한 운전자가 수동변속기인 1톤 화물자동차를 운전 중 야기한 교통사고는 무면허가 아니다.

19. 정답 ③

해설 "교차로 동시진입 시 넓은 도로에서 진입하는 차가 우선으로 한다"는 규정에서의 차는 차종에 구분을 두지 않는다.

▶ 교통정리가 없는 교차로 통행순위
① 선집입
② 넓은 도로차
③ 우측도로차
④ 직진 또는 우회전차

20. 정답 ②

해설 인공구조물 등의 보관 등(「도로교통법 시행령」 제34조)

경찰서장은 스스로 제거한 인공구조물 등이나 그 매각대금을 보관하는 경우에는 이를 보관한 날부터 14일간 그 경찰서의 게시판에 다음의 사항을 공고하고, 행정자치부령으로 정하는 바에 따라 열람부를 작성·비치하여 관계자가 열람할 수 있도록 하여야 한다.
① 해당 인공구조물 등의 명칭·종류·형상 및 수량
② 해당 인공구조물 등이 설치되어 있던 장소 및 그 인공구조물 등을 제거한 일시
③ 해당 인공구조물 등 또는 그 매각대금을 보관한 장소
④ 그 밖에 해당 인공구조물 등 또는 그 매각대금을 보관하기 위하여 필요하다고 인정되는 사항

1. LPG연료장치에서 배관의 연결부 등이 파손되었을 때 연료가 과도하게 흐르면 밸브가 닫혀 연료의 유출을 방지하는 밸브는?

① 안전밸브
② 충전밸브
③ 과류 방지밸브
④ 액체배출밸브

2. 드럼식 브레이크형식에서 모든 슈에 자기작동이 일어나며 전·후진 시에 강한 제동력을 얻을 수 있는 것은?

① 트레일링서보식
② 듀오서보식
③ 리딩슈식
④ 링크슈식

3. 방향지시등의 점멸횟수를 측정한 결과 10초 동안 18회 점멸하였을 때 안전기준에 맞게 판정한 것은?

① 108회/분(부적합)
② 108회/분(적합)
③ 90회/분(적합)
④ 90회/분(부적합)

4. 자동차용 교류발전기의 출력은 무엇을 조절하여 조정하는가?

① 스테이터전류(stator current)
② 로터전류(rotor current)
③ 회전속도
④ 축전지전압

5. ABS에서 SLIP률을 나타낼 때 어떻게 나타내는가?

① $SLIP률 = \dfrac{차량속도 - 차륜속도}{차량속도} \times 100$

② $SLIP률 = \dfrac{차륜속도 - 차량속도}{차륜속도} \times 100$

③ $SLIP률 = \dfrac{차량속도 - 차륜속도}{차륜속도} \times 100$

④ $SLIP률 = \dfrac{차륜속도 - 차량속도}{차량속도} \times 100$

6. 주행 중 차량에 노면으로부터 전달되는 충격이나 진동을 완화하여 바퀴와 노면과의 밀착을 양호하게 하고 승차감을 향상시키는 완충기구는?

① 코일스프링, 겹판스프링, 토션바
② 코일스프링, 토션바, 타이로드
③ 코일스프링, 겹판스프링, 프레임
④ 코일스프링, 너클스핀들, 스테이빌라이저

7. 사이드슬립시험기에서 지시값이 6이라면 1km당 슬립양은?

① 6mm
② 6cm
③ 6m
④ 6km

8. 실린더라이너(liner)에 관한 설명 중 맞지 않은 것은?

① 디젤기관은 주로 습식라이너를 사용한다.
② 가솔린기관은 주로 건식라이너를 사용한다.
③ 보통주철의 실린더블록에는 보통주철라이너를 삽입해야 한다.
④ 경합금실린더블록에는 특수주철제 라이너를 삽입한다.

9. 엔진의 회전수가 2,200rpm이고 변속비가 4 : 1, 종감속비가 5.5 : 1이다. 이 차의 왼쪽 바퀴가 45rpm이었다면 이 차의 오른쪽 바퀴의 회전수는?

① 505rpm
② 355rpm
③ 145rpm
④ 155rpm

10. 전자제어연료분사엔진에서 수온센서가 보정하는 영역에서 특히 중요한 역할을 하는 시기는?

① 냉간시동에서 웜업(warm up)까지
② 웜업(warm up) 이후
③ 고속·고부하 시
④ 가감속 시

11. 에어컨(air conditioner)시스템에서 냉매라인을 고압라인과 저압라인으로 나누었을 때 저압라인의 부품으로 옳은 것은?

① 응축기(condenser)
② 리시버드라이어(receiver drier)
③ 어큐뮬레이터(accumulator)
④ 송풍기(blower motor)

12. 다음 중 냉방장치의 설명이 옳은 것은?

① 압축기에서 나오는 냉매는 고온 · 고압의 기체상태이다.

② 응축기를 거쳐서 나오는 냉매는 고온 · 고압의 액체상태이다.

③ 팽창밸브에서 증발기로 분사되는 냉매는 저온 · 저압의 액체상태이다.

④ 증발기로부터 압축기로 들어오는 냉매는 저온 · 저압의 기체상태이다.

13. 압축압력시험에서 압축압력이 떨어지는 요인으로 가장 거리가 먼 것은?

① 헤드개스킷 소손   ② 피스톤링 마모

③ 밸브시트 마모   ④ 밸브의 가이드고무 마모

14. 지압선도를 설명한 것은?

① 실린더 내의 가스상태변화를 압력과 체적의 상태로 표시한 도면이다.

② 실린더 내의 압축상태를 평균유효압력과 마력의 상태로 표시한 도면이다.

③ 실린더 내의 온도변화를 압력과 체적의 상태로 표시한 도면이다.

④ 기관의 도시마력을 그림으로 나타낸 것이다.

15. 도로에 설치된 교통안전시설을 철거하거나 원상회복이 필요한 경우 그 사유를 유발한 사람으로 하여금 해당 공사에 드는 비용을 부담하게 할 수 있는 경우로 보기 어려운 것은?

① 차의 운전 등 교통으로 인하여 물건을 손괴하는 사고가 발생한 경우

② 분할할 수 없는 화물의 수송 등을 위하여 신호기 및 안전표지를 이전하거나 철거하는 경우

③ 도로공사 등을 위하여 무인교통단속용 장비를 이전하거나 철거하는 경우

④ 긴급자동차가 환자를 이송하다 과속으로 인해 교통안전시설을 손괴한 경우

16. 다음 중 벌점이 다른 하나는?

① 앞지르기 금지 위반

② 신호 또는 지시에 따를 의무 위반

③ 운전 중 휴대용 전화사용금지의 위반

④ 고속도로 갓길통행 또는 버스전용차로 · 다인승전용차로 통행 위반

17. 위험물을 실은 적재중량 4.5톤 화물자동차를 운전할 수 있는 면허는?

① 1종 대형면허   ② 1종 특수면허

③ 1종 보통면허   ④ 1종 소형면허

18. 「도로교통법」상 긴급자동차에 대한 특례에 해당되지 않는 것은?

① 앞지르기 금지의 장소   ② 앞지르기 금지의 시기

③ 중앙선 침범   ④ 끼어들기의 금지

19. 팔을 차체의 밖으로 내어 45° 밑으로 펴서 상하로 흔드는 신호는?

① 정지할 때

② 후진할 때

③ 뒷차에게 앞지르기를 시키고자 할 때

④ 서행할 때

20. 다음 중 「자동차 및 자동차부품의 성능과 기준에 관한 규칙」 개정에 따라 2013년 8월 16일부터 시행되는 '최고속도제한장치' 의무설치대상자동차가 아닌 것은?

① 승합자동차

② 차량총중량이 3.5톤을 초과하는 화물자동차·특수자동차

③ 「위험물안전관리법 시행령」 제3조의 규정에 의한 지정수량 이상의 위험물을 운송하기 위하여 필요한 탱크를 설치한 화물자동차

④ 저속전기자동차

제14회 정답 및 해설

1. **정답** ③

해설 과류 방지밸브는 LPG연료장치에서 배관의 연결부 등이 파손되었을 때 연료가 과도하게 흐르면 밸브가 닫혀 연료의 유출을 방지한다.

2. **정답** ②

해설 듀오서보식 브레이크는 유니서보식 브레이크를 개량한 것으로 전 · 후진에서 제동 시 모든 슈가 자기작동을 하며, 리딩슈로 되어 강한 제동력을 발생된다.

3. **정답** ②

해설 「자동차 및 자동차부품의 성능과 기준에 관한 규칙」 제44조(방향지시등) 제5호
방향지시등은 매분 60회 이상 120회 이하의 일정한 주기로 점멸하거나 광도가 증감하는 구조이어야 한다.
방향지시등의 점멸 횟수는 18×6=108회가 적합하다.

4. **정답** ②

해설 자동차용 교류발전기의 출력은 로터전류(rotor current)를 이용하여 조절한다.
① 연료여과기 내의 압력이 규정 이상으로 상승되는 것을 방지한다.
② 공급펌프에서 소음이 발생되는 것을 방지한다.
③ 기포를 자동적으로 배출시키는 작용을 한다.

5. **정답** ①

해설 ABS 미끄럼률(=Slip률) 공식

$$\text{미끄럼률} = \frac{\text{자동차속도} - \text{차륜속도}}{\text{자동차속도}} \times 100$$

$$\text{SLIP률} = \frac{\text{차량속도} - \text{차륜속도}}{\text{차량속도}} \times 100$$

※ 위 공식 2개 다 같은 표현이다.

6. **정답** ①

해설 현가스프링의 종류
① 코일스프링
② 겹판스프링
③ 토션바스프링

7. **정답** ③

해설 사이드슬립시험기의 1눈금은 1km 주행에 1m 슬립된 것을 의미한다.

8. **정답** ③

해설 보통주철의 실린더블록에는 특수주철의 실린더라이너를 삽입하고, 경합금실린더블록에는 주철의 실린더라이너를 삽입한다.

9. **정답** ④

해설 $$바퀴회전속도 = \frac{기관회전속도}{변속비 \times 종감속비} \times 2 - 상대바퀴회전수$$

$$\therefore \frac{2,200}{4 \times 5.5} \times 2 - 45 = 155$$

10. **정답** ①

해설 전자제어연료분사엔진에서 수온센서가 보정하는 영역에서 특히 중요한 역할을 하는 시기는 냉간시동에서 웜업(warm up)까지이다.

11. **정답** ③

해설 ④는 저압라인도 고압라인도 아닌 증발기에 공기를 불어넣어 주는 단순 블로어이다. 그래서 응축기, 리시버드라이어, 어큐뮬레이터는 냉매가 흐르는 냉매라인이지만, 송풍기는 냉매라인이 아니다. 다시 말해 단지 저압측에 그냥 붙어있는 하나의 장치라 판단하면 된다.

12. **정답** ①

해설 냉방장치에 관한 설명은 ①이다.

13. **정답** ④

해설 밸브의 가이드고무가 마모되면 오일이 유입되어 오일이 줄어드나 압축압력에 영향을 미치지는 않는다.

14. 정답 ①

해설 엔진의 실린더 내에서의 체적(부피)과 압력의 변화관계를 나타내는 것으로 세로는 압력의 변화를, 가로는 체적의 변화를 나타낸다. 지압선도는 지압계에 의해 자동적으로 그려지는 것이며, 엔진의 출력을 계산할 수 있고, 점화상태나 연소상태를 연구할 수 있다. 즉, 지압선도란 실린더 내의 가스상태변화를 압력과 체적의 상태로 표시한 도면이다.

15. 정답 ④

해설 비용을 부담하게 하기 위해서는 그 행위의 고의 또는 과실이 있어야 한다.

▶ 교통안전시설 관련비용부담의 사유(「도로교통법 시행령」 제4조)
1. 차의 운전 등 교통으로 인하여 사람을 사상(死傷)하거나 물건을 손괴하는 사고가 발생한 경우
2. 분할할 수 없는 화물의 수송 등을 위하여 신호기 및 안전표지를 이전하거나 철거하는 경우
3. 도로에서의 금지행위를 위반하여 교통안전시설을 철거·이전하거나 손괴한 경우
4. 도로관리청 등에서 도로공사 등을 위하여 무인교통단속용 장비를 이전하거나 철거하는 경우
5. 그 밖에 고의 또는 과실로 무인교통단속용 장비를 철거·이전하거나 손괴한 경우

16. 정답 ④

해설 ①, ②, ③ : 15점, ④ : 30점

17. 정답 ①

해설 위험물 등을 운반하는 화물자동차
① 적재중량 3톤 이하 또는 적재용량 3천L 이하 : 1종 보통면허
② 적재중량 3톤 초과 또는 적재용량 3천L 초과 : 1종 대형면허

18. 정답 ③

해설 긴급자동차에 대한 특례
긴급자동차에 대하여는 다음을 적용하지 아니한다.
① 자동차 등의 속도제한(다만, 긴급자동차에 대하여는 속도를 제한한 경우에는 규정을 적용한다.) (법 제17조)
② 앞지르기의 금지시기 및 장소(법 제22조)
③ 끼어들기의 금지(법 제23조)
위의 특례를 적용하며, 중앙선 침범은 긴급자동차에 대한 특례에 해당되지 않는다.

19. 정답 ④

해설 차의 신호

① 정지할 때 : 팔을 차체 밖으로 내어 45도 밑으로 펴거나 제동등을 켠다.

② 후진할 때 : 팔을 차체 밖으로 내어 45도 밑으로 펴서 손바닥을 뒤로 향하게 하여 그 팔을 앞뒤로 흔들거나 후진등을 켠다.

③ 뒷차에게 앞지르기를 시키고자 할 때 : 오른팔 또는 왼팔을 차체의 좌측 또는 우측 밖으로 수평으로 펴서 손을 앞뒤로 흔든다.

20. 정답 ③

해설 「자동차 및 자동차부품의 성능과 기준에 관한 규칙」 제54조(속도계 및 주행거리계) 제2항 다음 각 호의 자동차(「도로교통법」 제2조 제22호에 따른 긴급자동차와 당해 자동차의 최고속도가 제3항의 규정에서 정한 속도를 초과하지 아니하는 구조의 자동차를 제외한다)에는 최고속도제한장치를 설치하여야 한다.

1. 승합자동차
2. 차량총중량이 3.5톤을 초과하는 화물자동차 · 특수자동차(피견인자동차를 연결하는 견인자동차를 포함한다)
3. 「고압가스안전관리법 시행령」 제2조의 규정에 의한 고압가스를 운송하기 위하여 필요한 탱크를 설치한 화물자동차(피견인자동차를 연결한 경우에는 이를 연결한 견인자동차를 포함한다)
4. 저속전기자동차

참고 ① 최고속도제한장치의 최고속도 제한
- 승합자동차 : 매시 110km
- 차량총중량이 3.5톤을 초과하는 화물자동차 · 특수자동차, 고압가스탱크로리 : 매시 90km
- 저속전기자동차 : 매시 60km

② 시행일 : 2013년 8월 16일부터(시행일 이전에 제작된 차량은 제외. 즉, 8월 16일 이전에 팔린 승합차는 시속 110km 이상 달릴 수 있다는 얘기)

파이널 모의고사

1. 디젤기관에서 분사시기가 빠를 때 나타나는 현상으로 틀린 것은?

① 배기가스의 색이 흑색이다.　② 노크현상이 일어난다.

③ 배기가스의 색이 백색이 된다.　④ 저속회전이 어려워진다.

2. 납산축전지의 온도가 낮아졌을 때 발생되는 현상이 아닌 것은?

① 전압이 떨어진다.　② 용량이 적어진다.

③ 전해액의 비중이 내려간다.　④ 동결하기 쉽다.

3. 자동차 공기압타이어의 트레드 깊이는 법규상 몇 mm 이상 유지하여야 하는가?

① 1.6mm　② 2mm

③ 2.6mm　④ 3mm

4. 자동차의 흡·배기장치에서 건식공기청정기에 대한 설명으로 틀린 것은?

① 작은 입자의 먼지나 오물을 여과할 수 있다.

② 습식공기청정기보다 구조가 복잡하다.

③ 설치 및 분해조립이 간단하다.

④ 청소 및 필터교환이 용이하다.

5. 다공노즐을 사용하는 직접분사식 디젤엔진에서 분사노즐의 구비조건이 아닌 것은?

① 연료를 미세한 안개 모양으로 하여 쉽게 착화되게 할 것

② 저온·저압의 가혹한 조건에서 단기간 사용할 수 있을 것

③ 분무가 연소실의 구석구석까지 뿌려지게 할 것

④ 후적이 일어나지 않을 것

6. 승용자동차의 제동력에 관한 내용이다. 가장 옳은 것은?

① 일반적으로 전륜의 제동력이 후륜의 제동력보다 약하다.

② 일반적으로 전륜의 제동력과 후륜의 제동력은 같아야 한다.

③ 일반적으로 후륜의 제동력을 전륜의 제동력보다 약하게 한다.

④ 일반적으로 좌륜의 제동력보다 우륜의 제동력이 약해야 한다.

7. 다음 중 자동차 에어컨의 팽창밸브기능을 설명한 것 중 가장 옳은 것은?

① 냉매를 액화하며 압력을 높여준다.

② 냉매를 기화하여 증발기에 보내며 압력을 낮춘다.

③ 냉매를 기화하며 응축시킨다.

④ 냉매를 고체화하며 팽창시킨다.

8. 전조등의 광량을 검출하는 라이트센서에서 빛의 세기에 따라 광전류가 변화되는 원리를 이용한 소자는?

① 포토다이오드   ② 발광다이오드

③ 제너다이오드   ④ 사이리스터

9. 실린더벽의 마멸량을 측정할 때 사용되는 측정기구가 아닌 것은?

① 실린더보어게이지   ② 내측마이크로미터

③ 텔레스코핑게이지와 마이크로미터   ④ 다이얼게이지

10. 지르코니아산소센서(O_2센서)의 주요 구성물질은?

① 강+주석   ② 백금+주석

③ 지르코니아+백금   ④ 지르코니아+주석

11. 자동차의 종감속장치인 하이포이드기어의 장점이 아닌 것은?

① 추진축높이를 낮출 수 있다.

② 기어물림률이 커 회전이 정숙하다.

③ 무게중심이 낮아져 안전성이 증대된다.

④ 기어 이의 폭방향으로 미끄럼접촉을 하므로 압력이 작다.

12. 구동력제어장치(traction control system)에서 엔진토크제어방식에 해당하지 않는 것은?

① 주스로틀밸브제어

② 보조스로틀밸브제어

③ 연료분사제어

④ 가속 및 감속제어

13. 변속기의 변속비가 1.5, 링기어의 잇수 36, 구동피니언의 잇수 6인 자동차를 오른쪽 바퀴만을 들어서 회전하도록 하였을 때 오른쪽 바퀴의 회전수는? (단, 추진축의 회전수는 2,100rpm)

① 350rpm

② 450rpm

③ 600rpm

④ 700rpm

14. 조향장치의 동력전달순서로 옳은 것은?

① 핸들 → 타이로드 → 조향기어박스 → 피트먼암

② 핸들 → 섹터축 → 조향기어박스 → 피트먼암

③ 핸들 → 조향기어박스 → 섹터축 → 피트먼암

④ 핸들 → 섹터축 → 조향기어박스 → 타이로드

15. 버스신호등 중 황색 등화의 점멸이 의미하는 것은?

① 버스전용차로에 있는 차마는 다른 교통 또는 안전표지의 표시에 주의하면서 진행할 수 있다.

② 버스전용차로에 있는 차마는 정지선, 횡단보도 및 교차로의 직전에서 정지하여야 한다.

③ 버스전용차로에 있는 차마는 직진할 수 있다.

④ 버스전용차로에 있는 차마는 정지선이나 횡단보도가 있을 때에는 그 직전이나 교차로의 직전에 일시정지한 후 다른 교통에 주의하면서 진행할 수 있다.

16. 다음 중 운전면허증의 효력을 갖지 않는 것은?

① 출석지시서

② 국제운전면허증

③ 연습운전면허증

④ 범칙금납부통고서

17. 다음 중 운전면허 정지처분에 해당하는 위반사항의 경우는?

① 정기적성검사에 불합격한 경우
② 공동위험행위로 형사입건된 경우
③ 운전면허 행정처분기간 중에 운전한 경우
④ 혈중알코올농도 0.1% 이상에서 운전을 한 경우

18. 보험회사, 공제조합 또는 공제사업자가 보험에 가입사실증명에 관한 서면을 거짓으로 작성한 경우의 처벌기준은?

① 1년 이하의 징역 또는 500만원 이하의 벌금
② 2년 이하의 징역 또는 700만원 이하의 벌금
③ 3년 이하의 징역 또는 1,000만원 이하의 벌금
④ 4년 이하의 징역 또는 1,500만원 이하의 벌금

19. 횡단보도의 설치기준이 잘못된 것은?

① 횡단보도에는 횡단보도표시와 횡단보도표지판을 설치한다.
② 횡단보도를 설치하고자 하는 장소에 횡단보행자용 신호기가 설치되어 있는 경우에는 횡단보도표시만 설치한다.
③ 국지도로상 횡단보도는 육교 · 지하도 및 다른 횡단보도로부터 100m 이내에 설치하여서는 아니 된다.
④ 횡단보도를 설치하고자 하는 도로의 표면이 포장이 아니한 경우에는 반드시 횡단보도표시를 하여야 한다.

20. 승합자동차 운전자가 노인 · 장애인보호구역에서 오전 11시에 속도 위반(제한속도를 20km/h 이내에서 초과)으로 단속되었을 경우, 이때 범칙금 및 벌점처벌기준으로 맞는 것은?

① 범칙금 : 4만원, 벌점 : 없음   ② 범칙금 : 5만원, 벌점 : 10점
③ 범칙금 : 6만원, 벌점 : 15점   ④ 범칙금 : 6만원, 벌점 : 20점

제15회 정답 및 해설

1. **정답** ③

해설 분사시기가 빠를 때 나타나는 현상
① 노크현상이 발생한다.
② 연소가 불량하여 배기가스가 흑색이다.
③ 기관의 출력이 저하된다.
④ 저속에서 회전이 불량해질 수 있다.

2. **정답** ③

해설 배터리온도가 낮아졌을 때 나타나는 현상
① 전압이 떨어진다.
② 용량이 작아진다.
③ 전해액의 비중이 올라간다.
④ 동결하기 쉽다.

3. **정답** ①

해설 「자동차 및 자동차부품의 성능과 기준에 관한 규칙」 별표 1(제12조 제1항 관련)
금이 가고 갈라지거나 코드층이 노출된 정도의 손상이 없어야 하며, 트레드 깊이가 1.6밀리
미터 이상 유지되어야 한다.

4. **정답** ②

해설 건식공기청정기의 특징
① 작은 입자의 먼지나 오물을 여과할 수 있다.
② 습식공기청정기보다 구조가 간단하다.
③ 설치 및 분해조립이 간단하다.

5. **정답** ②

해설 ① 연료를 미세한 안개 모양으로 하여 쉽게 착화되게 할 것
② 분무가 연소실의 구석구석까지 뿌려지게 할 것
③ 후적이 일어나지 않을 것
④ 고온·고압의 가혹한 조건에서 장시간 사용할 수 있을 것

6. **정답** ③

해설 일반적으로 앞쪽이 무겁기 때문에 앞바퀴의 제동력을 뒷바퀴 제동력보다 크게 한다.

7. **정답** ②

해설 에어컨의 팽창밸브기능은 냉매를 기화하여 증발기에 보내며 압력을 낮춘다.

8. **정답** ①

해설 오토라이트시스템은 램프의 점등, 소등 또한 빔의 변환을 자동적으로 행하는 시스템이다. 포토다이오드 등 광센서를 이용하면 날씨가 어두워질 때 미등(tail lamp)이, 야간 또는 터널에 진입하였을 경우 헤드램프(head lamp)가 자동점등된다. 빔의 변환은 대향(對向)차량의 헤드램프를 감지하고 행한다. 또한 전구라이트장치의 감시작용도 한다.

9. **정답** ④

해설 실린더벽의 마멸량을 측정할 때 사용되는 기구에는 실린더보어게이지, 내측마이크로미터, 텔레스코핑게이지와 마이크로미터 등이 있다.

10. **정답** ③

해설 세라믹의 일종인 지르코니아(ZrO_2) 고체전해질을 사용한 산소센서의 구조는 백금막을 입힌 전극 내에 지르코니아 고체전해질을 채워넣은 구조로 되어 있으며, 백금의 양쪽 면에는 전극을 연결하여 이 전극을 통해 대기 중의 산소농도차이에 의해 기전력이 발생한다.

11. **정답** ④

해설 하이포이드기어의 특징

① 구동피니언 중심과 링기어 중심이 10~20% 낮게(off-set) 설치되어 있다.
② 추진축의 높이를 낮게 할 수 있어 무게중심이 낮아지고 거주성이 향상된다.
③ 기어 이의 물림률이 크기 때문에 회전이 정숙하다.
④ 구동피니언을 크게 할 수 있어 강도가 증가한다.
⑤ 기어 이의 폭방향으로 미끄럼접촉을 하므로 압력이 크기 때문에 극압윤활유를 사용해야 한다.

12. **정답** ④

해설 구동력제어장치에서 엔진토크제어방식에는 연료분사량 저감 또는 연료차단, 점화시기 지연, 스로틀밸브의 개폐에 의해 엔진토크를 조정한다. 가속 및 감속은 운전자가 하므로 엔진토크제어에 해당하지 않는다.

13. 정답 ④

해설 ① 종감속비 $= \dfrac{\text{링기어 잇수}}{\text{구동피니언 잇수}} = \dfrac{36}{6} = 6$

② 바퀴회전수 $= \dfrac{\text{추진축회전수}}{\text{종감속비}} \times 2 = \dfrac{2,100}{6} \times 2 = 700$

14. 정답 ③

해설 조향장치의 동력전달순서(볼너트형식)

핸들 → 조향기어박스 → 섹터축 → 피트먼암 → 릴레이로드 → 타이로드 → 너클 → 바퀴

15. 정답 ①

해설 ② 적색의 등화

③ 녹색의 등화

④ 적색 등화의 점멸

16. 정답 ③

해설 범칙금납부통고서 또는 출석지시서는 범칙금의 납부기일이나 출석기일까지 운전면허증 등(연습운전면허증 제외)과 같은 효력이 있다(법 제138조 제2항).

17. 정답 ②

해설 「도로교통법 시행규칙」 별표 28

공동위험행위로 구속된 경우에는 취소처분대상이 되고, 형사입건된 경우에는 정지처분대상이 된다.

18. 정답 ③

해설 보험회사, 공제조합 또는 공제사업자의 사무를 처리하는 사람이 보험 또는 공제에 가입된 사실의 서면을 거짓으로 작성한 경우나 거짓으로 작성된 문서를 그 정황을 알고 행사한 사람은 3년 이하의 징역 또는 1천만원 이하의 벌금에 처한다(법 제5조 제1항ㆍ제2항).

19. 정답 ④

해설 「도로교통법 시행규칙」 제11조 제3호

횡단보도를 설치하고자 하는 도로의 표면이 포장이 되지 아니하여 횡단보도표시를 할 수 없는 때에는 횡단보도표지판을 설치할 것. 이 경우 그 횡단보도표지판에 횡단보도의 너비를 표시하는 보조표지를 설치하여야 한다.

20. 정답 ③

해설 ▶ 어린이보호구역 및 노인·장애인보호구역에서의 범칙행위 및 범칙금액

위반행위		승합자동차 등		승용자동차 등		이륜자동차 등		자전거 등	
		일반 도로	보호 구역	일반 도로	보호 구역	일반 도로	보호 구역	일반 도로	보호 구역
통행금지 제한 위반		5만원	9만원	4만원	8만원	3만원	6만원	2만원	4만원
주·정차 위반		5만원	9만원	4만원	8만원	3만원	6만원	2만원	4만원
속도 위반	60km/h 초과	13만원	16만원	12만원	15만원	8만원	10만원	–	–
	40~60km/h	10만원	13만원	9만원	12만원	6만원	8만원	–	–
	20~40km/h	7만원	10만원	6만원	9만원	4만원	6만원	–	–
	20km/h 이하	3만원	6만원	3만원	6만원	2만원	4만원	–	–
신호·지시 위반		7만원	13만원	6만원	12만원	4만원	8만원	3만원	6만원
보행자 보호의무 불이행	횡단보도	7만원	13만원	6만원	12만원	4만원	8만원	3만원	6만원
	일반도로	5만원	9만원	4만원	8만원	3만원	6만원	2만원	4만원

▶ 어린이보호구역 및 노인·장애인보호구역에서의 범칙행위 및 벌점기준

위반행위		일반도로	보호구역
속도 위반	60km/h 초과	60점	120점
	40~60km/h	30점	60점
	20~40km/h	15점	30점
	20km/h 이하	없음	15점
신호·지시 위반		15점	30점
보행자 보호의무 불이행	횡단보도	10점	20점
	일반도로		

※ 위 표(범칙금 및 벌점기준)들은 오전 8시부터 오후 8시까지 위반한 경우에 한하여 적용한다.

제16회 파이널 모의고사

1. 2행정사이클기관의 장점으로 틀린 것은?

① 회전력이 균일하다.
② 구조가 간단하다.
③ 배기량이 같을 경우 4행정사이클기관보다 출력이 크다.
④ 각 행정이 확실히 구분되어 효율이 좋다.

2. 전자제어엔진의 인젝터회로와 인젝터코일저항의 양·부상태를 동시에 확인할 수 있는 방법으로 가장 적합한 것은?

① 인젝터전류파형의 측정
② 분사시간의 측정
③ 인젝터저항의 측정
④ 인젝터분사량의 측정

3. 디젤기관에서 과급기의 사용목적으로 틀린 것은?

① 엔진의 출력이 증대된다.
② 체적효율이 작아진다.
③ 평균유효압력이 향상된다.
④ 회전력이 증가한다.

4. 배출가스저감장치와 배출가스를 짝지은 것 중 틀린 것은?

① EGR시스템 − NOx저감
② 증발가스제어시스템 − HC저감
③ 삼원촉매장치 − CO, HC, NOx저감
④ PCV장치 − NOx저감

5. 엔진에서 실린더헤드볼트를 일정하게 조이지 않았을 때 일어나는 현상과 거리가 먼 것은?

① 냉각수 누수
② 엔진오일 소모
③ 실린더헤드 변형
④ 실린더블록 균열

6. 휠의 정적(static) 불평형으로 인해 바퀴가 상하로 진동하는 현상은?

① 시미(shimmy)

② 트램핑(tramping)

③ 스탠딩웨이브(standing wave)

④ 하이드로플래닝(hydro planing)

7. 기관의 회전수가 2,400rpm, 변속비는 1.5, 종감속비가 4.0일 때 링기어는 몇 회 전하는가?

① 400rpm

② 600rpm

③ 800rpm

④ 1,000rpm

8. 독립식 현가장치의 특징이 아닌 것은?

① 승차감이 좋고 바퀴의 시미현상이 적다.

② 스프링정수가 적어도 된다.

③ 구조가 간단하고 부품수가 적다.

④ 윤거 및 앞바퀴 정렬변화로 인한 타이어마멸이 크다.

9. 자동차를 옆에서 보았을 때 킹핀의 중심선이 노면에서 수직인 직선에 대하여 어느 한쪽으로 기울어져 있는 상태는?

① 캐스터

② 캠버

③ 셋백

④ 토인

10. PNP형 트랜지스터의 순방향 전류는 어떤 방향으로 흐르는가?

① 컬렉터에서 베이스로

② 이미터에서 베이스로

③ 베이스에서 이미터로

④ 베이스에서 컬렉터로

11. 외부로부터 빛을 받으면 전류를 흐를 수 있게 하는 센서로서 크랭크 각 센서, 일 사센서 등에 쓰이는 것은?

① 발광다이오드

② 포토다이오드

③ 제너다이오드

④ PN접합다이오드

12. 터보차저기관의 특징으로 틀린 것은?

① 배기가스의 동력을 이용한다.

② 충전효율의 증가로 연료소비율이 낮아진다.

③ 기관의 압축비를 늘릴 수 있어 유리하다.

④ 같은 배기량으로 높은 출력을 얻을 수 있다.

13. 다음 중 「자동차관리법」의 목적으로 틀리는 것은?

① 자동차의 효율적 관리　　　　② 자동차의 성능 및 안전의 확보

③ 자동차 교통의 안전확보　　　　④ 공공복리의 증진

14. 다음 표지에 대한 설명으로 옳지 않은 것은?

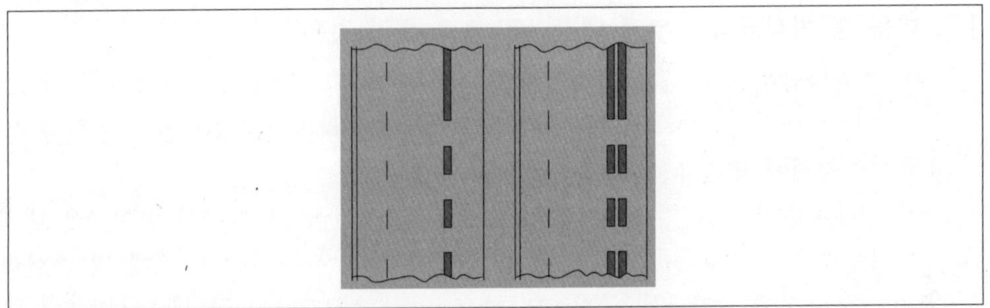

① 편도 3차로 이상의 도로에 설치한다.

② 버스전용차로의 경계를 표시하는 버스전용차로표시이다.

③ 출·퇴근시간에만 운영하는 구간은 복선으로, 그 외의 시간까지 운영하는 구간은 단선으로 설치한다.

④ 점선과 실선의 복선은 차마가 점선이 있는 쪽에서는 넘어갈 수 있으나, 실선은 있는 쪽에서는 넘어갈 수 없음을 의미한다.

15. 다음 중 모든 차가 서행하여 할 장소로 틀린 것은?

① 교통정리를 아니하는 교차로

② 비탈길의 고갯마루 부근

③ 가파른 비탈길의 내리막

④ 교통정리를 하고 있지 아니하고 좌우를 확인할 수 없는 교차로

16. 어린이통학버스를 운전하는 사람은 어린이나 영유아가 어린이통학버스를 탈 때에
는 승차한 모든 어린이나 영유아가 좌석안전띠를 매도록 한 후에 출발하여야 한
다. 만약 동법조항을 위반하고 어린이통학버스에 탑승한 어린이나 영유아의 좌석
안전띠를 매도록 하지 않은 운전자에 대해서는 다음과 같은 처벌을 한다. 처벌기
준으로 맞는 것은?

① 위반한 승합자동차의 운전자의 경우에는 범칙금 6만원과 벌점 10점을 부과
한다.

② 위반한 승용자동차의 운전자의 경우에는 범칙금 5만원과 벌점 15점을 부과
한다.

③ 위반한 모든 자동차의 운전자에게 과태료 6만원을 부과한다.

④ 위반한 어린이통학버스의 운영자에게 과태료 7만원을 부과한다.

17. 다음 중 범칙금의 납부에 대한 설명으로 틀린 것은?

① 범칙금납부통고서를 받은 사람은 10일 이내에 경찰청장이 지정하는 국고은행,
지점, 대리점, 우체국 또는 제주특별자치도지사가 지정하는 금융회사 등이나
그 지점에 범칙금을 내야 한다.

② 천재지변이나 그 밖의 부득이한 사유로 말미암아 그 기간에 범칙금을 낼 수 없
는 경우에는 부득이한 사유가 없어지게 된 날부터 7일 이내에 내야 한다.

③ 납부기간에 범칙금을 내지 아니한 사람은 납부기간이 끝나는 날의 다음날부터
20일 이내에 통고받은 범칙금에 100분의 20을 더한 금액을 내야 한다.

④ 범칙금을 낸 사람은 범칙행위에 대하여 다시 벌받지 아니한다.

18. 제1종 특수면허로 운전할 수 있는 차량이 아닌 것은?

① 트레일러　　　　　　　　　　② 레커
③ 원동기장치자전거　　　　　　④ 건설기계

19. 운전면허 없는 사람이 주취상태로 자전거를 타고 가다 중앙선을 넘어가서 마주 오
던 차량과 충돌하였다. 자전거 운전자에 대한 사고처리로 가장 합당한 것은?

① 「교통사고처리 특례법」상 주취운전, 무면허운전, 중앙선 침범사고 야기
② 「교통사고처리 특례법」상 주취운전, 중앙선 침범사고 야기
③ 「교통사고처리 특례법」상 중앙선 침범, 무면허운전사고 야기
④ 「교통사고처리 특례법」상 중앙선 침범사고 야기

20. 경찰공무원이 자동차 등 운전자의 차를 일시정지시키고 그 운전자에게 자동차운전면허증을 제시할 것을 요구할 수 있는 경우가 아닌 것은?

① 무면허운전자
② 술에 취한 상태의 운전자
③ 공동위험행위의 운전자
④ 과로한 운전자

<table><tr><td>제16회</td><td># 정답 및 해설</td></tr></table>

1. **정답** ④

해설 2행정사이클기관의 장점은 회전력이 균일하고 구조가 간단하며, 배기량이 같을 경우 4행정사이클기관보다 출력이 크다.

2. **정답** ①

해설 인젝터전류파형을 측정하면 인젝터회로 및 인젝터코일저항의 양·부를 동시에 확인할 수 있다.

3. **정답** ②

해설 과급기 사용의 장점
① 체적효율이 좋아진다.
② 평균유효압력이 향상된다.
③ 회전력이 증가한다.
④ 엔진의 출력이 증대된다.
⑤ 연료소비율이 향상된다.
⑥ 잔류배출가스를 완전히 배출시킬 수 있다.

4. **정답** ④

해설 PCV장치는 블로바이가스제어장치이며, HC저감을 위해 설치되어 있다.

5. **정답** ④

해설 실린더헤드볼트의 조임이 불균일하면 압축가스의 누출, 냉각수의 누출, 엔진오일의 누출, 실린더헤드의 변형 등이 발생된다.

6. **정답** ②

해설 타이어가 정적 불평형이면 타이어가 상하로 움직이는 트램핑현상이, 동적 불평형이면 타이어가 좌우로 움직이는 시미현상이 발생한다.

7. 정답 ①

해설 링기어 회전수 $= \dfrac{\text{엔진회전수}}{\text{변속비} \times \text{종감속비}} = \dfrac{2,400}{1.5 \times 4} = 400\text{rpm}$

8. 정답 ③

해설 독립현가장치의 특징
① 차량의 높이를 낮게 할 수 있어 안전성이 좋다.
② 바퀴가 시미를 잘 일으키지 않고 로드홀딩이 좋다.
③ 스프링정수가 적은 스프링을 사용할 수 있다.
④ 스프링 아래 질량이 적어 승차감이 우수하다.
⑤ 일체차축현가에 비해 부품수가 많아 구조가 복잡하다.
⑥ 주행 시 바퀴의 움직임에 따라 윤거나 얼라인먼트가 변화하므로 타이어마모가 크다.

9. 정답 ①

해설 자동차를 옆에서 보았을 때 킹핀의 중심선이 노면에서 수직인 직선에 대하여 어느 한쪽으로 기울어져 있는 상태를 캐스터라 하며, 뒤로 기울어진 것을 정(+)의 캐스터, 앞으로 기울어진 것을 부(−)의 캐스터라 한다.

10. 정답 ②

해설 PNP형 트랜지스터의 순방향 전류는 이미터에서 베이스 또는 이미터에서 컬렉터로 흐른다.

11. 정답 ②

해설 포토다이오드는 외부로부터 빛을 받으면 전류를 흐를 수 있게 하는 센서로서 크랭크 각 센서, 일사센서 등에 쓰인다.

12. 정답 ③

해설 과급기는 속도에너지를 압력에너지로 바꾸어주는 장치로, 압력이 상승하는 만큼 체적은 같은 공기의 무게가 높아져서 출력을 향상시킨다. 압축비는 실린더체적을 연소실체적으로 나눈 값을 말하는데, 이는 가변압축비기관을 제외한 모든 기관은 바뀌지 않는다.

13. 정답 ③

해설 「자동차관리법」 제1조(목적)
이 법은 자동차의 등록, 안전기준, 자기인증, 제작결함시정, 점검, 정비, 검사 및 자동차관리 사업 등에 관한 사항을 정하여 자동차를 효율적으로 관리하고 자동차의 성능 및 안전을 확보함으로써 공공의 복리를 증진함을 목적으로 한다.

14. **정답** ③

해설 버스전용차로 노면표시로 출·퇴근시간에만 운영하는 구간은 단선으로, 그 외의 시간까지 운영하는 구간은 복선으로 설치한다.

15. **정답** ④

해설

서행할 장소	일시정지할 장소
• 교통정리를 하고 있지 아니하는 교차로 • 도로가 구부러진 부근 • 비탈길의 고갯마루 부근 • 가파른 비탈길의 내리막 • 지방경찰청장이 도로에서의 위험을 방지하고 교통의 안전과 원활한 소통을 확보하기 위하여 필요하다고 인정하여 안전표지로 지정한 곳	• 교통정리를 하고 있지 아니하고 좌우를 확인할 수 없거나 교통이 빈번한 교차로 • 지방경찰청장이 도로에서의 위험을 방지하고 교통의 안전과 원활한 소통을 확보하기 위하여 필요하다고 인정하여 안전표지로 지정한 곳

참고 앞지르기 금지장소

① 교차로·터널 안 또는 다리 위
② 도로의 구부러진 곳
③ 비탈길의 고갯마루 부근 또는 가파른 비탈길의 내리막
④ 지방경찰청장이 필요하다고 인정하여 안전표지로 지정한 곳

16. **정답** ③

해설 「도로교통법」 제53조 제2항을 위반하여 어린이통학버스에 탑승한 어린이나 유아의 좌석안전띠를 매도록 하지 않은 운전자에게는 과태료 6만원을 부과한다.
　▶ 「도로교통법」 제53조(어린이통학버스 운전자 및 운영자 등의 의무) 제2항
　　② 어린이통학버스를 운전하는 사람은 어린이나 영유아가 어린이통학버스를 탈 때에는 승차한 모든 어린이나 영유아가 좌석안전띠(어린이나 영유아의 신체구조에 따라 적합하게 조절될 수 있는 안전띠를 말한다)를 매도록 한 후에 출발하여야 한다.

17. **정답** ②

해설 「도로교통법」 제164조 제1항 단서
천재지변이나 그 밖의 부득이한 사유로 말미암아 그 기간에 범칙금을 낼 수 없는 경우에는 부득이한 사유가 없어지게 된 날부터 5일 이내에 내야 한다.

18. **정답** ④

해설 「도로교통법 시행규칙」 별표 18
건설기계(덤프트럭, 아스팔트살포기, 노상안정기, 콘크리트믹서트럭, 콘크리트펌프, 천공기, 도로보수트럭, 3톤 미만의 지게차)는 제1종 대형면허로 운전이 가능하다.

19. **정답** ④

해설 자전거의 경우 무면허가 적용되지 않으며, 주취의 경우도 주취금지규정은 있으나 시행규칙 등 처벌 정이 없다. 「교통사고처리 특례법」상 중앙선 침범에만 해당된다.

20. **정답** ③

해설 「도로교통법」 제47조 제1항
경찰공무원은 자동차 등의 운전자가 무면허운전 등 금지, 술에 취한 상태에서의 운전금지, 과로한 때 등의 운전금지의 규정을 위반하여 자동차 등을 운전하고 있다고 인정되는 경우에는 차를 일시정지시키고 그 운전자에게 자동차운전면허증을 제시할 것을 요구할 수 있다.

1. **앞바퀴 정렬 중 토인의 필요성으로 가장 거리가 먼 것은?**

   ① 조향 시에 바퀴의 복원력을 발생
   ② 앞바퀴 사이드슬립과 타이어마멸 감소
   ③ 캠버에 의한 토아웃 방지
   ④ 조향링키지의 마모에 따라 토아웃이 되는 것 방지

2. **유압식 동력조향장치에서 안전밸브(safety check valve)의 기능은?**

   ① 조향조작력을 가볍게 하기 위한 것이다.
   ② 코너링포스를 유지하기 위한 것이다.
   ③ 유압이 발생하지 않을 때 수동조작으로 대처할 수 있도록 하는 것이다.
   ④ 조향조작력을 무겁게 하기 위한 것이다.

3. **조향장치가 갖추어야 할 조건으로 틀린 것은?**

   ① 조향조작이 주행 중의 충격을 적게 받을 것
   ② 조향핸들의 회전과 바퀴의 선회차가 클 것
   ③ 회전반경이 작을 것
   ④ 조작하기 쉽고 방향전환이 원활하게 이루어질 것

4. **앞바퀴 얼라인먼트검사를 할 때 예비점검사항과 거리가 먼 것은?**

   ① 타이어의 공기압, 마모상태, 흔들림상태
   ② 킹핀마모상태
   ③ 휠베어링의 헐거움, 볼이음의 마모상태
   ④ 조향핸들유격 및 차축 또는 프레임의 휨상태

5. 어떤 일정한 전압에 달하면 역방향으로 전류가 흐를 수 있도록 하는 다이오드의 명칭은?

① 제너다이오드　　　　　　② 발광다이오드
③ 포토다이오드　　　　　　④ 정류다이오드

6. 에어컨에서 냉매흐름순서를 바르게 표시한 것은?

① 콘덴서 → 증발기 → 팽창밸브 → 컴프레서
② 콘덴서 → 컴프레서 → 팽창밸브 → 증발기
③ 콘덴서 → 팽창밸브 → 증발기 → 컴프레서
④ 컴프레서 → 팽창밸브 → 콘덴서 → 증발기

7. 블로다운(blow down)현상이란?

① 폭발행정 시 밸브와 밸브시트 사이에서 연소가스가 새는 현상
② 배기행정 초기 배기밸브가 열릴 때 피스톤은 하강하나 가스가 배출되는 현상
③ 압축행정 시 피스톤과 실린더 사이에서 가스가 누출되는 현상
④ 배기에서 흡입행정 시 상사점 근방에서 흡·배기밸브가 동시에 열려있는 현상

8. 전자제어기관에서 노킹센서의 고장으로 노킹이 발생되는 경우 엔진에 미치는 영향으로 옳은 것은?

① 오일이 냉각된다.　　　　② 가속 시 출력이 증가한다.
③ 엔진냉각수가 줄어든다.　④ 엔진이 과열된다.

9. 터보차저의 특징으로 가장 거리가 먼 것은?

① 노킹 방지를 위한 장치가 필요하다.
② 저속저회전에서의 출력향상을 위하여 사용한다.
③ 흡기온이 높은 이유는 공기를 압축하기 때문이다.
④ 윤활유의 온도저감을 위한 장치가 필요하다.

10. LPG를 충전하는 고압용기에 설치된 밸브와 색상의 연결이 틀린 것은?

① 기상밸브－황색　　　　　② 액상밸브－적색
③ 기체밸브－청색　　　　　④ 충전밸브－녹색

11. 언더스퀘어엔진에 대한 설명으로 옳은 것은?

① 속도보다 힘을 필요로 하는 중·저속형 엔진에 주로 사용된다.
② 피스톤의 행정이 실린더내경보다 작은 엔진을 말한다.
③ 엔진회전속도가 느리고 회전력이 작다.
④ 엔진회전속도가 빠르고 회전력이 크다.

12. 하이드리드자동차에서 고전압배터리제어기(battery management system)의 역할 설명으로 틀린 것은?

① 충전상태제어　　　　　　② 파워제한
③ 냉각제어　　　　　　　　④ 저전압릴레이제어

13. 운전면허가 취소된 후 3년이 경과되어야 운전면허시험에 응시할 수 있는 것은?

① 무면허운전사고
② 교통사고 야기 후 도주
③ 음주운전사고 야기 후 도주
④ 음주운전으로 3회 이상 교통사고 야기 시

14. 다음의 노면표시가 의미하는 것은?

① 오르막경사면　　　　　　② 차로변경
③ 안전지대　　　　　　　　④ 속도제한

15. 밤에 도로를 운행하는 때에 켜야 하는 등화가 아닌 것은?

① 자동차의 전조등
② 자동차의 차폭등
③ 원동기장치자전거의 미등
④ 견인되는 차의 실내등

16. 어린이 승·하차표시(점멸등 작동) 및 하차 시 안전장소 도착확인 후 출발 등의
어린이통학버스 운전자의 의무 위반(좌석안전띠를 매도록 하지 않은 경우는 제외)
시의 벌칙기준은?

① 승합자동차의 경우 범칙금 11만원, 벌점 30점

② 승용자동차의 경우 범칙금 10만원, 벌점 20점

③ 승용 및 승합자동차 범칙금 12만원, 벌점 30점

④ 승용자동차 범칙금 12만원, 승합자동차 범칙금 13만원, 벌점 30점

17. 공사시행자는 공사시행 며칠 전에 그 일시, 공사구간, 공사기간 및 시행방법, 그
밖에 필요한 사항을 관할경찰서장에게 신고하여야 하는가?

① 1일   ② 2일

③ 3일   ④ 4일

18. 수시적성검사를 받아야 하는 사유에 해당하는 사람은 도로교통공단이 정하는 날
부터 몇 개월 이내에 수시적성검사를 받아야 하는가?

① 3개월   ② 6개월

③ 9개월   ④ 12개월

19. 다음 중 「도로교통법」상 지시표지내용을 설명하고 있는 것은?

① 도로상태가 위험하거나 위험물이 있는 경우 안전조치를 할 수 있도록 사용자에
게 알리는 표지

② 모든 표지의 내용을 보충하여 도로사용자에게 알리는 표지

③ 도로교통의 안전을 위하여 각종 제한, 금지하는 경우 이를 도로사용자에게 알
리는 표지

④ 도로교통의 안전을 위하여 필요한 통행방법 통행구분 등을 사용자에게 알리는 표지

20. 다음 중 괄호 안에 들어갈 용어로 올바른 것은?

> 자동차매매업·자동차정비업 및 자동차해체재활용업을 (   )이라 말한다.

① 자동차매매업   ② 자동차관리사업

③ 자동차정비업   ④ 자동차해체재활용업

제17회 정답 및 해설

1. **정답** ①

해설 토인을 두는 목적

① 앞바퀴를 평행하게 회전시킨다.

② 바퀴가 옆방향으로 미끄러지는 것과 타이어의 마멸을 방지한다.

③ 조향링키지의 마멸에 의해 토아웃이 되는 것을 방지한다.

2. **정답** ③

해설 안전체크밸브는 엔진의 정지, 오일펌프의 고장 등으로 유압이 발생하지 않을 때 수동으로 작동이 가능하게 해준다.

3. **정답** ②

해설 조향장치가 갖추어야 할 조건

① 조작하기 쉽고 방향전환이 원활하게 행해질 것

② 회전반경이 적을 것

③ 조향핸들과 바퀴의 선회차이가 크지 않을 것

④ 조향조작이 주행 중의 충격에 영향을 받지 않을 것

⑤ 고속주행에도 조향휠이 안정되고 복원력이 좋을 것

4. **정답** ②

해설 앞바퀴 정렬측정 전 준비사항

① 타이어공기압을 규정으로 맞춘다.

② 조향링키지체결상태를 확인한다.

③ 타이로드 엔드의 헐거움을 점검한다.

④ 조향핸들과 허브베어링의 유격을 점검한다.

⑤ 현가스프링의 피로를 점검한다.

⑥ 차량은 공차상태에서 측정한다.

5. **정답** ①

해설 제너다이오드는 어떤 기준전압(브레이크다운전압) 이상이 되면 역방향으로 큰 전류가 흐르는 반도체이다.

6. **정답** ③

해설 에어컨의 순환과정

압축기(compressor) → 응축기(condenser) → 건조기(receiver drier) → 팽창밸브(expansion valve) → 증발기(evaporator)

7. **정답** ②

해설 ① 블로바이현상 : 압축행정을 할 때 피스톤과 실린더 사이에서 가스가 누출되는 현상

② 블로백현상 : 폭발행정에서 밸브와 밸브시트 사이에서 연소가스가 새는 현상

③ 블로다운현상 : 배기행정 초기에 배기밸브가 열릴 때 피스톤은 하강하나 가스가 배출되는 현상

④ 밸브오버랩 : 상사점 근방에서 흡·배기밸브가 동시에 열려있는 현상

8. **정답** ④

해설 노킹이 발생되면 엔진이 과열되고 출력이 저하하며, 연료소비가 증가하고 냉각수가 끓어 넘치며, 실린더헤드가 휘게 되고 헤드개스킷이 찢어지며, 심하면 엔진이 정지하기도 한다.

9. **정답** ②

해설 터보차저의 특징

① 흡기온도가 높은 이유는 공기를 압축하기 때문이다.

② 노킹 방지를 위한 장치가 필요하다.

③ 윤활유의 온도저감을 위한 장치가 필요하다.

10. **정답** ③

해설 LPG밸브와 색상

① 기상밸브 : 봄베의 기체상태 부분에 설치되어 있는 황색 핸들의 밸브이다. 냉각수온도가 15℃ 이하일 때 작동된다.

② 액상밸브 : 봄베의 액체상태 부분에 설치되어 있는 적색 핸들의 밸브이다. 냉각수온도가 15℃ 이상일 때 작동된다.

③ 충전밸브 : 봄베의 기체상태 부분에 설치되어 있는 녹색 핸들의 밸브이다. 연료를 보충할 때만 열고, 그 외는 닫는다.

11. **정답** ①

해설 언더스퀘어(under square, 장행정)엔진의 특징

① 피스톤의 행정이 실린더내경보다 큰 엔진을 말한다.

② 엔진회전속도가 느리고 회전력이 크다.

③ 속도보다 힘을 필요로 하는 엔진에 주로 사용된다.

④ 직렬형 기관의 경우 높이가 높아진다.

12. **정답** ④

해설 하이브리드자동차(HEV)의 BMS는 SOC 추정(충전상태제어), 파워제한, 냉각제어, 릴레이제어, 셀밸런싱, 고장진단 등을 수행한다.

13. **정답** ④

해설 술에 취한 상태에서 운전을 하다가 3회 이상 교통사고를 일으킨 경우에는 운전면허가 취소된 날부터 3년이 경과되어야 운전면허시험에 응시할 수 있다.

14. **정답** ①

해설 노면표시(544번)로 오르막경사면을 표시하는 표지이다.

15. **정답** ④

해설 밤에 도로에서 운행하는 자동차의 등화(「도로교통법 시행령」 제19조)

구분	밤(해가 진 후부터 해가 뜨기 전까지를 말한다), 안개가 끼거나 눈이 올 때 또는 터널 안	
	도로에서 차를 운행하는 경우	고장이나 그 밖의 부득이한 사유로 도로에서 차를 정차 또는 주차하는 경우
자동차	전조등, 차폭등, 미등, 번호등과 실내조명등(실내조명등은 승합자동차와 「여객자동차운수사업법」에 의한 여객자동차운송사업용 승용자동차에 한한다.	미등 및 차폭등
이륜자동차		미등(후부반사기를 포함한다)
원동기장치자전거	전조등 및 미등	
견인되는 차	미등, 차폭등 및 번호등	–
자동차 등 외의 모든 차	지방경찰청장이 정하여 고시하는 등화	지방경찰청장이 정하여 고시하는 등화

16. **정답** ④

해설

위반행위	근거 법조문 (도로교통법)	승합	승용
어린이통학버스 운전자의 의무 위반 (좌석안전띠를 매도록 하지 않은 경우는 제외한다) • 어린이 승·하차표시(점멸등 작동) • 안전한 승·하차확인 등(안전장소 도착확인 후 출발 등)	제52조 제1·2항, 제53조의2	13만원	12만원

17. 정답 ③

해설 「도로교통법」 제69조 제1항
도로관리청 또는 공사시행청의 명령에 따라 도로를 파거나 뚫는 등 공사를 하려는 사람(공사시행자)은 공사시행 3일 전에 그 일시, 공사구간, 공사기간 및 시행방법, 그 밖에 필요한 사항을 관할경찰서장에게 신고하여야 한다. 다만, 산사태나 수도관 파열 등으로 긴급히 시공할 필요가 있는 경우에는 그에 알맞은 안전조치를 하고 공사를 시작한 후에 지체 없이 신고하여야 한다.

18. 정답 ①

해설 「도로교통법 시행령」 제56조 제3항
3개월 이내에 수시적성검사를 받아야 한다.

19. 정답 ④

해설 ① 주의표지
② 보조표지
③ 규제표지

20. 정답 ②

해설 「자동차관리법」 제2조(정의)
"자동차관리사업"이란 자동차매매업 · 자동차정비업 및 자동차해체재활용업을 말한다.

파이널 모의고사

1. 반도체의 장점이 아닌 것은?

① 극히 소형이고 가볍다.
② 내부전력손실이 적다.
③ 수명이 같다.
④ 온도상승 시 특성이 좋아진다.

2. 다음 그림의 회로에서 전류계에 흐르는 전류(A)는 얼마인가?

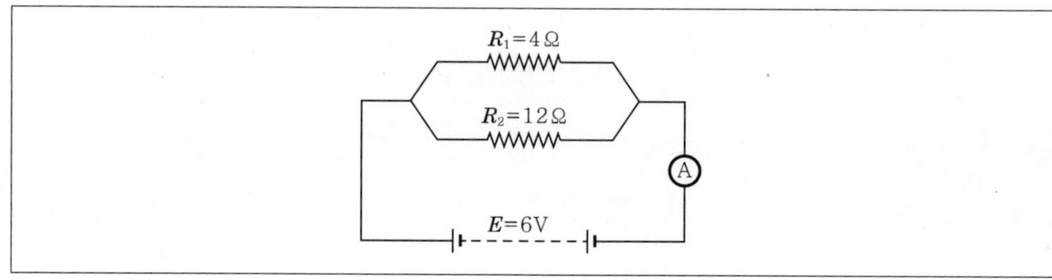

① 1A　　　　　　　　② 2A
③ 3A　　　　　　　　④ 4A

3. 내연기관에서 피스톤과 실린더의 마멸원인으로 거리가 먼 것은?

① 실린더와 피스톤링의 접촉 때문에
② 흡입공기 중의 먼지 및 이물질 때문에
③ 피스톤랜드부의 히트댐 때문에
④ 연소생성물에 의한 부식 때문에

4. 디젤기관에서 연료분사시기가 과도하게 빠를 경우 발생할 수 있는 현상으로 틀린 것은?

① 노크를 일으킨다.　　　　② 배기가스가 흑색이다.
③ 기관의 출력이 저하된다.　　　　④ 분사압력이 증가한다.

5. 가솔린엔진의 조정불량으로 불완전연소했을 때 인체에 해로우며 가장 많이 발생하는 배출가스는?

① H₂가스 　　　　　　　　② SO₂가스

③ CO가스 　　　　　　　　④ CO₂가스

6. 디젤기관에서 과급하여 얻는 이점이 아닌 것은?

① 연소가 양호하여 연료소비율이 감소한다.

② 기관의 출력이 증가한다.

③ 엔진의 충전효율을 높이고 평균유효압력을 낮춰 출력을 증대시킨다.

④ 압축 초에 압축온도를 높여 착화지연기간을 짧게 한다.

7. 가솔린기관의 연소실 안이 고온·고압이고 공기과잉일 때 주로 발생되는 가스로, 광화학스모그의 원인이 되는 것은?

① NOx 　　　　　　　　② CO

③ HC 　　　　　　　　④ CO₂

8. 수동변속기차량에서 클러치의 필요조건으로 틀린 것은?

① 회전관성이 커야 한다.

② 내열성이 좋아야 한다.

③ 방열이 잘 되어 과열되지 않아야 한다.

④ 회전 부분의 평형이 좋아야 한다.

9. 선회 시 조향각을 일정하게 유지하여도 선회반지름이 작아지는 현상은?

① 오버스티어링 　　　　　　② 어퍼스티어링

③ 다운스티어링 　　　　　　④ 언더스티어링

10. 다음 중 자동차의 핸들이 쏠리는 원인이 아닌 것은?

① 쇽업소버의 작동불량

② 조향기어하우징의 불량

③ 타이어공기압력 불균일

④ 바퀴얼라인먼트의 조정불량

11. ABS가 장착된 차량에서 휠스피드센서의 역할은?

① 휠의 회전속도를 감지하여 이를 전기적 신호로 바꾸어 ABS컨트롤유닛으로 보낸다.

② 휠의 회전속도를 감지하여 이를 기계적 신호로 바꾸어 ABS컨트롤유닛으로 보낸다.

③ 휠의 회전속도를 감지하여 이를 전기적 신호로 바꾸어 계기판으로 보낸다.

④ 휠의 회전속도를 감지하여 이를 기계적 신호로 바꾸어 계기판으로 보낸다.

12. 하이브리드자동차에서 화생제동의 시기는?

① 출발할 때 　　　　　　② 정속주행할 때
③ 급가속할 때 　　　　　　④ 감속할 때

13. 「자동차관리법」에 규정하고 있는 사항이 아닌 것은?

① 이륜자동차의 관리에 관한 사항
② 자동차등록에 관한 사항
③ 자동차관리사업에 관한 사항
④ 자동차의 차령제한에 관한 사항

14. 「도로교통법」상 차로의 설치에 관한 설명 중 틀린 것은?

① 설치권자는 지방경찰청장이다.
② 도로에 차로를 설치하고자 하는 때에는 노면표시로 설치해야 한다.
③ 보도와 차도의 구분이 없는 도로에는 차로를 설치할 수 없다.
④ 차로는 횡단보도·교차로 및 철길건널목에는 설치할 수 없다.

15. 다음 자동차 중 대통령령으로 정하는 긴급자동차가 아닌 것은?

① 경찰용 자동차 중 범죄수사·교통단속 그 밖에 긴급한 경찰업무수행에 사용되는 자동차
② 수사기관의 자동차 중 범죄수사를 위하여 사용되는 자동차
③ 도로관리를 위하여 사용되는 자동차 중 도로상의 위험을 방지하기 위한 응급작업 및 운행이 제한되는 자동차를 단속하기 위하여 사용되는 자동차
④ 국내·외 요인에 대한 경호업무수행에 공무로서 사용되는 자동차

16. 경찰서장이 제거한 인공구조물 등을 보관하는 경우에 경찰서의 게시판에 공고하는 기간은?

① 그 인공구조물 등을 제거한 날부터 15일간
② 그 인공구조물 등을 보관한 날부터 15일간
③ 그 인공구조물 등을 보관한 날부터 14일간
④ 그 인공구조물 등을 제거한 날부터 14일간

17. 공사시행자는 공사시행 며칠 전에 관할경찰서장에게 신고하여야 하는가?

① 3일 전
② 5일 전
③ 7일 전
④ 10일 전

18. 다음 중 운전면허의 효력을 정지시킬 수 있는 경우는?

① 술에 취한 상태에서 자동차 등을 운전한 경우
② 술에 취한 상태에 있다고 인정할 만한 상당한 이유가 있음에도 불구하고 경찰공무원의 측정에 응하지 아니한 경우
③ 적성검사를 받지 아니하거나 그 적성검사에 불합격한 경우
④ 등록되지 아니하거나 임시운행허가를 받지 아니한 자동차(이륜자동차는 제외)를 운전한 경우

19. 다음 중 앞을 보지 못하는 사람에 준하는 사람에 해당하지 않는 사람은?

① 듣지 못하는 사람
② 신체의 평형기능에 장애가 있는 사람
③ 의족 등을 사용하지 아니하고는 보행을 할 수 없는 사람
④ 시각장애인 안내견을 데리고 흰색 지팡이를 짚고 가는 사람

20. 다음 중 괄호 안에 들어갈 용어로 올바른 것은?

사람 또는 화물의 운송 여부에 관계없이 자동차를 그 용법(用法)에 따라 사용하는 것을 (   )이라 말한다.

① 운전
② 사용
③ 운송
④ 운행

제18회 정답 및 해설

1. **정답** ④

해설 반도체의 특징
① 매우 소형이고 가볍다.
② 예열시간을 요하지 않고 바로 작동한다.
③ 내부전력손실이 적다.
④ 수명이 길다.
⑤ 온도가 상승하면 특성이 몹시 나빠진다.
⑥ 정격값을 넘으면 파괴되기 쉽다.

2. **정답** ②

해설
$$R = \dfrac{1}{\dfrac{1}{R_1} + \dfrac{1}{R_2}} = \left(\dfrac{1}{\dfrac{1}{4}\,\Omega + \dfrac{1}{12}\,\Omega} \right) = \dfrac{12}{4} = 3\,\Omega$$

$$I = \dfrac{E}{R} = \dfrac{6}{3} = 2\text{A}$$

3. **정답** ③

해설 피스톤과 실린더의 마멸원인은 ①, ②, ④항 이외에 혼합비가 농후할 때, 연료의 연소가 불완전할 때, 윤활유가 오손되었을 때 등이다.

4. **정답** ④

해설 분사시기가 빠를 때 나타나는 현상
① 노크현상이 발생한다.
② 연소가 불량하여 배기가스가 흑색이다.
③ 기관의 출력이 저하된다.
④ 저속에서 회전이 불량해질 수 있다.

5. **정답** ③

해설 인체에 유해한 배출가스는 CO, HC, NOx이며, CO(일산화탄소)는 엔진조정불량으로 불완전 연소했을 때 가장 많이 발생되고 인체에 매우 위험하다.

6. **정답** ③

해설 디젤기관에서 과급하여 얻는 이점
① 연소가 양호하여 연료소비율이 감소한다.
② 엔진의 충전효율을 높이고 평균유효압력을 높여 출력을 증대시킨다.
③ 기관의 출력이 증가한다.
④ 연소실의 압축온도를 상승시켜 착화지연기간을 짧게 한다.

7. **정답** ①

해설 NOx는 가솔린기관의 연소실 안이 고온·고압이고 공기과잉일 때 주로 발생되는 가스로, 광화학스모그의 원인이 된다.

8. **정답** ①

해설 클러치의 구비조건
① 동력전달이 확실하고 신속할 것
② 방열이 잘 되어 과열되지 않을 것
③ 회전 부분의 평형이 좋을 것
④ 내열성이 좋을 것
⑤ 회전관성이 작을 것

9. **정답** ①

해설 선회의 특성
① 언더스티어 : 조향각을 인정하게 하고 선회 시 선회반경이 커지는 현상
② 오버스티어 : 조향각을 일정하게 하고 선회 시 선회반경이 작아지는 현상
③ 뉴트럴스티어 : 조향각만큼 정상선회
④ 리버스스티어 : 차속이 증가할수록 언더스티어에서 오버스티어로 되는 현상

10. **정답** ②

해설 조향핸들이 쏠리는 원인
① 속업소버의 작동이 불량하다.
② 좌우타이어의 공기압력이 불균일하다.
③ 바퀴얼라인먼트의 조정이 불량하다.
④ 좌우브레이크라이닝 간극이 불균일하다.
⑤ 앞차축 한쪽 스프링이 파손되었다.
⑥ 뒤차축이 차의 중심선에 대하여 직각이 되지 않았다.

11. **정답** ①

해설 휠스피드센서는 휠의 회전속도를 감지하여 이를 전기적 신호로 바꾸어 ABS ECU로 보낸다.

12. **정답** ④

해설 하이브리드자동차에서 자동차의 감속은 회생제동모드로서, 차량감속 시 모터는 자동차의 휠에 의해 회전하여 회전동력을 전기에너지로 전환하여 배터리를 충전하는 모드이다.

13. **정답** ④

해설 「자동차관리법」에 규정하고 있는 주요 내용
① 자동차의 등록
② 자동차의 안전기준 및 자기인증, 제작결함 시정
③ 자동차의 점검 및 정비, 검사
④ 이륜자동차의 관리
⑤ 자동차관리사업
⑥ 벌칙 등
※ ④의 자동차의 차령제한에 관한 사항은 여객자동차운수사업에 규정하고 있는 내용이다.

14. **정답** ③

해설 보도와 차도의 구분이 없는 도로에 차로를 설치할 때에는 보행자가 안전하게 통행할 수 있도록 그 도로의 양쪽에 길 가장자리구역을 설치하여야 한다(「도로교통법 시행규칙」 제15조 제4항).

15. **정답** ③

해설 도로관리를 위하여 사용되는 자동차 중 도로상의 위험을 방지하기 위한 응급작업 및 운행이 제한되는 자동차를 단속하기 위하여 사용되는 자동차 → 사용하는 사람 또는 기관 등의 신청에 의하여 지방경찰청장이 지정하는 긴급자동차(「시행령」 제2조 제1항)

16. **정답** ③

해설 「도로교통법 시행령」 제34조 제1항
경찰서장은 스스로 제거한 인공 구조물 등이나 그 매각대금을 보관하는 경우에는 이를 보관한 날부터 14일간 그 경찰서의 게시판에 일정한 사항을 공고하고, 행정자지부령으로 정하는 바에 따라 열람부를 작성·비치하여 관계자가 열람할 수 있도록 하여야 한다.

17. **정답** ①

해설 「도로교통법」 제69조 제1항
도로관리청 또는 공사시행청의 명령에 따라 도로를 파거나 뚫는 등 공사를 하려는 사람(공사시행자)은 공사시행 3일 전에 그 일시, 공사구간, 공사기간 및 시행방법, 그 밖에 필요한 사항을 관할경찰서장에게 신고하여야 한다. 다만, 산사태나 수도관 파열 등으로 긴급히 시공할 필요가 있는 경우에는 그에 알맞은 안전조치를 하고 공사를 시작한 후에 지체 없이 신고하여야 한다.

18. **정답** ①

해설 「도로교통법」 제93조 제1항 제1호

운전면허를 취소하거나 1년 이내의 범위에서 운전면허의 효력을 정지시킬 수 있다.

※ ②, ③, ④항은 운전면허를 취소하여야 한다(「도로교통법」 제93조 제1항 제3 · 9 · 16호).

19. **정답** ④

해설 ①, ②, ③ 「도로교통법」 제11조 제2항, 「도로교통법 시행령」 제8조

20. **정답** ④

해설 「자동차관리법」 제2조(정의)

"운행"이란 사람 또는 화물의 운송 여부에 관계없이 자동차를 그 용법(用法)에 따라 사용하는 것을 말한다.

파이널 모의고사

1. 타이어 트레드패턴(tread pattern)의 필요성이 아닌 것은?

   ① 타이어의 열을 흡수
   ② 트레드에 발생한 절상(파손이나 손상) 등의 확대를 방지
   ③ 구동력이나 견인력의 향상
   ④ 타이어의 옆방향에 대한 저항이 크고 조향성 향상

2. 디젤기관에서 기관의 회전속도나 부하의 변동에 따라 자동으로 분사량을 조절해 주는 장치는?

   ① 조속기   ② 딜리버리밸브
   ③ 타이머   ④ 체크밸브

3. 피스톤슬랩(piston slap)현상을 방지할 목적으로 적용되는 피스톤은?

   ① 스플릿피스톤   ② 오토더믹피스톤
   ③ 오프셋피스톤   ④ 솔리드스커트피스톤

4. 주석(Sn 90%), 동(Cu 5%), 안티몬(Sb 5%)을 합금으로 한 메탈베어링은?

   ① 알루미늄메탈   ② 트리메탈
   ③ 켈밋메탈   ④ 배빗메탈

5. 주행 중 기관이 과열되는 원인이 아닌 것은?

   ① 워터펌프가 불량하다.   ② 서모스탯이 열려있다.
   ③ 라디에이터캡이 불량하다.   ④ 냉각수가 부족하다.

6. 수동변속기에서 가장 큰 토크를 발생하는 변속단은?

   ① 오버드라이브단에서   ② 1단에서
   ③ 2단에서   ④ 직결단에서

7. 자동변속기의 스톨시험(stall test)에 관한 설명이다. 맞지 않는 것은?

① 스톨시험은 기관을 공전속도로 운전시키면서 실시한다.

② 시험결과 각 레인지(range)에서의 회전속도가 같으나 전체적으로 낮을 때의 원인 중 하나가 기관의 출력 부족이다.

③ 특정의 레인지에서만 회전속도가 높을 때는 유성기어유닛 내의 해당 클러치 및 밴드가 미끄러지거나 같은 계통에 오일의 누출이 있는 것이다.

④ 스톨시험결과가 정상이라도 주행시험을 실시해야만 고장개소를 정확히 알아낼 수 있다.

8. 다음 중 유압브레이크의 특징을 설명한 것으로 가장 거리가 먼 것은?

① 제동력의 증폭이 용이하다.

② 마찰손실이 적다.

③ 페달의 조작력이 작아도 된다.

④ 유압회로에 공기가 침입하여도 제동력에 변화가 없다.

9. 전자제어식 제동장치(ABS)에서 제동 시 타이어슬립률이란?

① $\dfrac{차륜속도 - 차체속도}{차체속도} \times 100\,(\%)$ ② $\dfrac{차체속도 - 차륜속도}{차체속도} \times 100\,(\%)$

③ $\dfrac{차체속도 - 차륜속도}{차륜속도} \times 100\,(\%)$ ④ $\dfrac{차륜속도 - 차체속도}{차륜속도} \times 100\,(\%)$

10. 반도체에 대한 특징으로 틀린 것은?

① 극히 소형이며 가볍다.

② 예열시간이 불필요하다.

③ 내부전력손실이 크다.

④ 정격값 이상이 되면 파괴된다.

11. 자동차용 납산배터리의 기능으로 틀린 것은?

① 기관시동에 필요한 전기에너지를 공급한다.

② 발전기 고장 시에는 자동차 전기장치에 전기에너지를 공급한다.

③ 발전기의 출력과 부하 사이의 시간적 불균형을 조절한다.

④ 시동 후에도 자동차 전기장치에 전기에너지를 공급한다.

12. 용량과 전압이 같은 축전지 2개를 직렬로 연결할 때의 설명으로 옳은 것은?

① 용량은 축전지의 2개와 같다.

② 전압이 2배로 증가한다.

③ 용량과 전압 모두 2배로 증가한다.

④ 용량은 2배로 증가하지만 전압은 같다.

13. 다음 위반사항 중 그 벌점이 30점에 해당되는 것은?

① 공동위험행위로 형사입건된 때

② 운전면허증제시의무 위반

③ 속도 위반(20km/h 초과 40km/h 이하)

④ 일반도로 버스전용차로 통행 위반

14. 「도로교통법」에 사용되는 용어의 정의이다. 틀린 것은?

① 길 가장자리구역－보도와 차도가 구분되지 아니한 도로에서 보행자의 안전을 확보하기 위하여 안전표지 등으로 경제를 표시한 도로의 가장자리 부분

② 안전지대－도로를 횡단하는 보행자나 동행하는 차마의 운전을 위하여 안전표지나 이와 비슷한 인공구조물로 표시한 도로의 부분

③ 서행－차의 운전자가 앞서가는 다른 차의 옆을 지나서 그 차의 앞으로 나가는 것

④ 정차－운전자가 5분을 초과하지 아니하고 차를 정지시키는 것으로서 주차 외의 정지상태

15. 다음 중 차로의 설치에 관하여 틀린 설명은?

① 보도와 차도의 구분이 없는 도로에 차로를 설치하는 때에는 보행자가 안진하게 통행할 수 있도록 그 도로의 양쪽에 길 가장자리구역을 설치하여야 한다.

② 차로는 횡단보도·교차로 및 철길건널목에는 설치할 수 없다.

③ 차로의 너비는 3m 이상으로 하여야 한다. 다만, 좌회전전용차로의 설치 등 부득이하다고 인정되는 때에는 275cm 이상으로 할 수 있다.

④ 지방경찰청장은 도로에 차로를 설치하고자 하는 때에는 주의표지로 표시하여야 한다.

16. 녹색, 황색, 적색의 3색 신호기가 설치된 교차로에서의 차마의 통행방법으로 틀린 것은?

① 녹색 등화의 경우에는 직진과 우회전을 할 수 있다.

② 황색 등화의 경우 우회전 가능하고, 정지선·횡단보도 또는 교차로 직전에 정지해야 한다.

③ 적색 등화의 점멸의 경우에는 안전표시에 주의하면서 진행할 수 있다.

④ 녹색 등화일 때 따로 비보호 좌회전표시가 없는 경우에는 좌회전은 허용되지 않는다.

17. 다음 중 고속도로전용차로의 설치권자는?

① 경찰청장

② 시·도지사

③ 관할경찰서장

④ 고속도로관리자

18. 연습운전면허에 대한 설명 중 잘못된 것은?

① 연습운전면허는 그 면허를 받은 날부터 2년 동안 효력을 가진다.

② 연습운전면허 취소처분에 대하여 이의가 있는 사람은 그 처분을 받은 날부터 60일 이내에 행정자치부령으로 정하는 바에 따라 지방경찰청장에게 이의를 신청할 수 있다.

③ 지방경찰청장은 연습운전면허를 발급받은 사람이 운전 중 고의 또는 과실로 교통사고를 일으킨 경우에는 연습운전면허를 취소하여야 한다.

④ 연습운전면허에는 제1종 보통연습면허, 제2종 보통연습면허가 있다.

19. 도로의 중앙을 통행할 수 있는 경우?

① 사회적으로 중요한 행사에 따라 시가를 행진하는 행렬

② 기 또는 현수막 등을 휴대한 행렬 및 장의 행렬

③ 사다리, 목재, 그 밖에 보행자의 통행에 지장을 줄 우려가 있는 물건을 운반 중인 사람

④ 도로에서 청소나 보수 등의 작업을 하고 있는 사람

20. 「자동차관리법」 제3조 제1항 제2호 "승합자동차는 11인 이상을 운송하기에 적합하게 제작된 자동차를 말한다. 다만, 다음 각 목의 어느 하나에 해당하는 자동차는 승차인원에 관계없이 이를 승합자동차로 본다"의 법조항에서 말하는 다음 각 목의 어느 하나에 해당하지 않는 자동차는?

① 10인 이하를 운송하기에 적합하게 제작된 다목적형 승용자동차
② 경형 자동차로서 승차인원이 10인 이하인 전방조종자동차
③ 캠핑용 자동차
④ 캠핑용 트레일러

제19회 정답 및 해설

1. **정답** ①

해설 타이어 트레드패턴(tread pattern)의 필요성
① 타이어 내부에서 발생된 열을 발산한다.
② 사이드슬립(side)이나 전진방향의 미끄럼을 방지한다.
③ 트레드에 발생한 파손이나 손상 등의 확산을 방지한다.
④ 구동력이나 선회성능을 향상시킨다.

2. **정답** ①

해설 조속기(governor, 거버너)
기관의 회전속도나 부하변동에 따라 자동으로 연료분사량을 조절하여 엔진속도를 제어하는 장치이다.

3. **정답** ③

해설 오프셋피스톤은 피스톤슬랩(piston slap)현상을 방지할 목적으로 사용한다.

4. **정답** ④

해설 배빗메탈은 주석(Sn 90%), 동(Cu 5%), 안티몬(Sb 5%)을 합금으로 한 메탈베어링이다.

5. **정답** ②

해설 엔진이 과열되는 원인
① 수온조절기가 닫힌 채로 고장 났다.
② 라디에이터코어가 20% 이상 막혔다.
③ 라디에이터핀에 이물질이 많이 묻었다.
④ 라디에이터가 파손되었다.
⑤ 물펌프(워터펌프)가 작동불량이다.
⑥ 점화시기가 잘못 조정되었다.
⑦ 벨트가 헐겁거나 끊어졌다.
⑧ 엔진이 과부하로 운전되고 있다.
⑨ 냉각수에 이물질이 혼입되었다.
⑩ 라디에이터캡이 불량하다.

6. 정답 ②

해설 변속기에서 가장 큰 토크는 1단에서 발생된다.

7. 정답 ①

해설 스톨시험은 레버를 D 또는 R레인지에 위치시키고 엔진을 최대회전수로 운전시키면서 실시하여야 한다.

8. 정답 ④

해설 유압브레이크의 특징
① 제동력의 증폭이 용이하다.
② 마찰손실이 적다.
③ 브레이크페달의 조작력이 작아도 된다.
④ 유압회로에 공기가 침입하면 제동력을 상실한다.

9. 정답 ②

해설 슬립률(또는 미끄럼률)은 $\dfrac{\text{차체(자동차)속도} - \text{차륜(바퀴)속도}}{\text{차체속도}} \times 100(\%)$ 로 표시한다.

10. 정답 ③

해설 반도체의 장점
① 극히 소형이고 경량이다.
② 예열을 요구하지 않고 곧바로 작동한다.
③ 내부전력손실이 매우 적다.
④ 수명이 길다.
⑤ 온도가 상승하면 특성이 몹시 나빠진다.
⑥ 정격값을 넘으면 파괴되기 쉽다.

11. 정답 ④

해설 배터리의 기능은 ①, ②, ③항이며, 시동이 된 후에는 발전기에서 전기를 공급한다.

12. 정답 ②

해설 축전지의 직렬연결
직렬연결이란 전압과 용량이 동일한 배터리 2개 이상을 (+)단자는 연결대상 축전지 (−)단자와 연결하고, (−)단자는 (+)단자로 연결하는 방식이다. 직렬연결 시 축전지의 용량은 1개와 같으며, 전압은 2배로 증가한다.

13. 정답 ②

해설 벌점기준
① 공동위험행위로 형사입건된 때 : 벌점 40점
③ 속도 위반(20km/h 초과 40km/h 이하) : 벌점 15점
④ 일반도로전용차로 위반 : 10점

14. 정답 ③

해설 「도로교통법」 제2조 제28호
"서행"이란 운전자가 차를 즉시 정차시킬 수 있는 정도의 느린 속도로 진행하는 것을 말한다.

15. 정답 ④

해설 「도로교통법 시행규칙」 제15조 제1항
지방경찰청장은 도로에 차로를 설치하고자 하는 때에는 노면표시로 표시하여야 한다.

16. 정답 ③

해설 적색 등화의 점멸의 경우에는 차마는 정지선이나 횡단보도가 있을 때에는 그 직전이나 교차로의 직전에 일시정지한 후 다른 교통에 주의하면서 진행할 수 있다.

▶ 차량 3색 등화신호의 뜻

신호의 종류	신호의 뜻
녹색의 등화	• 차마는 직진 또는 우회전할 수 있다. • 비보호 좌회전표지 또는 비보호 좌회전표시가 있는 곳에서는 좌회전할 수 있다.
황색의 등화	• 차마는 정지선이 있거나 횡단보도가 있을 때에는 그 직전이나 교차로의 직전에 정지하여야 하며, 이미 교차로에 차마의 일부라도 진입한 경우에는 신속히 교차로 밖으로 진행하여야 한다. • 차마는 우회전할 수 있고, 우회전하는 경우에는 보행자의 횡단을 방해하지 못한다.
적색의 등화	• 차마는 정지선, 횡단보도 및 교차로의 직전에서 정지하여야 한다. 다만, 신호에 따라 진행하는 다른 차마의 교통을 방해하지 아니하고 우회전할 수 있다.
황색등화의 점멸	• 차마는 다른 교통 또는 안전표지의 표시에 주의하면서 진행할 수 있다.
적색등화의 점멸	• 차마는 정지선이나 횡단보도가 있을 때에는 그 직전이나 교차로의 직전에 일시정지한 후 다른 교통에 주의하면서 진행할 수 있다.

17. 정답 ①

해설 「도로교통법」 제61조
경찰청장은 고속도로의 원활한 소통을 위하여 특히 필요한 경우에는 고속도로에 전용차로를 설치할 수 있다

18. 정답 ①

해설 ① 「도로교통법」 제81조

연습운전면허는 그 면허를 받은 날부터 1년 동안 효력을 가진다. 다만, 연습운전면허를 받은 날부터 1년 이전이라도 연습운전면허를 받은 사람이 제1종 보통면허 또는 제2종 보통면허를 받은 경우 연습운전면허는 그 효력을 잃는다.

② 「도로교통법」 제94조 제1항

③ 「도로교통법」 제93조 제3항

④ 「도로교통법」 제80조 제2항 제3호

19. 정답 ①

해설 ① 「도로교통법」 제9조 제2항

②, ③, ④항은 학생의 대열과 그 밖에 보행자의 통행에 지장을 줄 우려가 있다고 인정하여 대통령령으로 정하는 사람이나 행렬은 차도로 통행할 수 있다. 이 경우 행렬 등은 차도의 우측으로 통행하여야 한다(「도로교통법」 제9조 제1항, 「도로교통법 시행령」 제7조).

20. 정답 ①

해설 「자동차관리법」 제3조 제1항 제2호

승합자동차란 11인 이상을 운송하기에 적합하게 제작된 자동차이다. 다만, 다음 각 목의 어느 하나에 해당하는 자동차는 승차인원에 관계없이 이를 승합자동차로 본다.

1. 내부의 특수한 설비로 인하여 승차인원이 10인 이하로 된 자동차

2. 국토교통부령으로 정하는 경형 자동차로서 승차인원이 10인 이하인 전방조종자동차

3. 캠핑용 자동차 또는 캠핑용 트레일러

참고 10인 이하를 운송하기에 적합하게 제작된 다목적형 승용자동차 : 프레임형이거나 4륜구동장치 또는 차동제한장치를 갖추는 등 험로운행이 용이한 구조로 설계된 자동차로서 일반형 및 승용 겸 화물형이 아닌 것

1. 정의 캠버란 다음 중 어떤 것을 말하는가?

① 바퀴의 아래쪽이 위쪽보다 좁은 것을 말한다.
② 앞바퀴의 앞쪽이 뒤쪽보다 좁은 것을 말한다.
③ 앞바퀴의 킹핀이 뒤쪽으로 기울어진 각을 말한다.
④ 앞바퀴의 위쪽이 아래쪽보다 좁은 것을 말한다.

2. 현가장치에서 판스프링의 구조에 대한 내용으로 거리가 먼 것은?

① 스팬(span)
② 유(U)볼트
③ 스프링아이(spring eye)
④ 너클(knuckle)

3. ABS의 설치목적이 아닌 것은?

① 전륜고착의 경우 조향능력 상실 방지
② 후륜고착의 경우 차체회전으로 인한 전복 방지
③ 제동 시 차체의 안정성 유지
④ 노면상황에 관계없이 제동거리 단축

4. 타이어에서 발생하는 이상현상이 아닌 것은?

① 스탠딩웨이브(standing wave)
② 하이드로플래닝(hydro planing)
③ 휠트램프(wheel tramp)
④ 휠밸런스에 의한 시미(shimmy)

5. 납산축전지 취급 시 주의사항으로 틀린 것은?

① 배터리접속 시 (+)단자부터 접속한다.
② 전해액이 옷에 묻지 않도록 주의한다.
③ 전해액이 부족하면 시냇물로 보충한다.
④ 배터리분리 시 (−)단자부터 분리한다.

6. 자동차용 축전지의 충전에 대한 설명으로 틀린 것은?

① 정전압충전은 충전시간 동안 일정한 전압을 유지하며 충전한다.
② 정전류충전은 충전 초기 많은 전류가 흘러 축전지에 손상을 줄 수 있다.
③ 정전류충전의 충전전류는 20시간율 용량의 10%로 선정한다.
④ 급속충전의 충전전류는 20시간율 용량의 50%로 선정한다.

7. 전자제어엔진의 목적으로 가장 부적합한 것은?

① 필요한 만큼의 출력 발생
② 압축비의 증대
③ 불안정 연소상태를 없애고 운전성 향상
④ 노킹상태를 회피

8. 윤활유의 성질에서 요구되는 사항으로 틀린 것은?

① 온도변화에 따른 점도변화가 적을 것
② 열전도가 좋고 내하중성이 클 것
③ 인화점 및 발화점이 낮을 것
④ 카본을 생성하지 않고 강한 유막을 형성할 것

9. 어떤 4행정사이클엔진의 밸브개폐시기가 다음과 같다. 흡입밸브의 열림은 몇 도인가?

• 흡입밸브 열림 : 상사점 전 15°	• 흡입밸브 닫힘 : 하사점 후 50°
• 배기밸브 열림 : 하사점 전 45°	• 배기밸브 닫힘 : 상사점 후 10°

① 235° ② 180°
③ 230° ④ 245°

10. 다음 중 플라이휠과 관계없는 것은?

① 회전력을 균일하게 한다.
② 링기어를 설치하여 기관의 시동을 걸 수 있게 한다.
③ 동력을 전달한다.
④ 무부하상태로 만든다.

11. 캐니스터가 하는 역할은 무엇인가?

① HC가스를 포집한다.

② CO가스를 포집한다.

③ NOx가스를 포집한다.

④ SOx가스를 포집한다.

12. CNG기관의 분류에서 자동차에 연료를 저장하는 방법에 따른 분류가 아닌 것은?

① 압축천연가스(CNG)자동차

② 액화천연가스(LNG)자동차

③ 흡착천연가스(ANG)자동차

④ 부탄가스자동차

13. 다음 중 특별교통안전교육에 대한 설명으로 틀린 것은?

① 도로교통공단에서 실시한다.

② 교육은 4시간 이상 16시간 이하 실시한다.

③ 교육방법은 강의·시청각교육 또는 현장체험교육 등이다.

④ 교통안전교육기관 또는 자동차운전전문학원연합회에서 제작하고 경찰청장이 감수한 교재를 사용하여야 한다.

14. 노면표시에 사용되는 선의 종류 중 점선이 의미하는 것은?

① 허용　　　　　　　　　　② 제한

③ 금지　　　　　　　　　　④ 의미의 강조

15. 주차 위반에 대한 조치에서 차량견인 후 차의 사용자나 운전자의 성명·주소를 알 수 없는 경우에는 견인한 날부터 14일간 해당 기관의 게시판에 공고하여 할 사항이 아닌 것은?

① 보관하고 있는 차의 종류 및 형상

② 보관하고 있는 차가 있던 장소 및 그 차를 견인한 일시

③ 통지한 날부터 1월이 지나도 반환을 요구하지 아니한 때에는 그 차를 매각 또는 폐차할 수 있다는 내용

④ 차를 보관하고 있는 장소

16. 어린이통학버스 보호자 미탑승에 따른 어린이통학버스 운영자의 의무(어린이통학버스 보호자 동승의무) 위반자에 대한 벌칙기준으로 맞는 것은?

① 승합 12만원, 승용 10만원의 과태료를 운전자에게 부과한다.
② 승합 13만원, 승용 12만원의 과태료를 운영자에게 부과한다.
③ 승용 및 승합범칙금 12만원, 벌점 30점을 운전자에게 부과한다.
④ 승합 13만원, 승용 12만원의 범칙금을 운영자에게 부과한다.

17. 고속도로에서 교통안전시설의 설치 · 관리자는?

① 고속도로의 관리자
② 시 · 도지사
③ 지방경찰청장
④ 국토교통부장관

18. 다음의 운전면허 정지처분 중 벌점이 가장 높은 것은?

① 술에 취한 상태의 기준을 넘어서 운전한 때
② 속도 위반(60km/h 초과)
③ 공동위험행위로 형사입건된 때
④ 운전 중 영상표시장치 조작

19. 「특정범죄가중처벌 등에 관한 법률」 제5조의3 도주차량 운전자의 가중처벌에 대한 내용이다. 틀린 것은?

① 피해자를 치사하고 도주한 때는 무기 또는 5년 이상의 징역에 처한다.
② 피해자를 치상하고 도주한 때는 3년 이상의 유기징역 또는 3천만원 이하의 벌금에 처한다.
③ 피해자를 치사하고 유기 도주한 때는 사형, 무기 또는 5년 이상의 징역에 처한다.
④ 피해자를 치상하고 유기 도주한 때는 3년 이상의 유기징역에 처한다.

20. 다음 중 자동차 신규등록을 거부하여야 하는 경우는?

① 제동장치에 비석면라이닝을 사용한 친환경자동차 등록의 경우
② 「대기환경보전법」 및 「소음 · 진동관리법」에 따른 검사를 통과한 제작차 인증을 받은 자동차의 등록의 경우
③ 자동차매매업을 통해 자동차를 취득한 경우
④ 자동차의 차대번호 또는 원동기형식의 표기가 신규검사증명서에 적힌 것과 다른 경우

제20회 정답 및 해설

1. **정답** ①
> **해설** 정(+)의 캠버란 바퀴의 아래쪽이 위쪽보다 좁은 것을 말한다. 즉, 위쪽이 아래쪽보다 넓다.

2. **정답** ④
> **해설** 판스프링의 구조
> ① 스프링아이 : 1번 스프링 끝부분
> ② 스팬 : 스프링아이와 아이 사이의 거리
> ③ U볼트 : 스프링을 차축에 고정시키는 볼트
> **참고** 너클은 조향장치와 관련된 부품이다.

3. **정답** ④
> **해설** ABS(Anti-lock Brake System)의 장점
> ① 제동거리를 단축시킨다.
> ② 제동할 때 조향성능을 확보해준다.
> ③ 제동할 때 방향의 안정성을 유지한다.
> ④ 제동할 때 스핀으로 인한 전복을 방지한다.
> ⑤ 제동할 때 옆방향 미끄러짐을 방지한다.
> ⑥ 최대의 제동효과를 얻을 수 있도록 한다.
> ⑦ 어떤 조건에서도 바퀴의 미끄러짐이 없도록 한다.

4. **정답** ③
> **해설** 타이어에서 발생하는 이상현상에는 스탠딩웨이브, 하이드로플래닝, 휠언밸런스에 의한 트램핑 및 시미 등이 있다.

5. **정답** ③
> **해설** 전해액이 부족하면 연수(증류수, 빗물, 수돗물 등)를 보충한다.

6. **정답** ②
> **해설** 정전류충전은 일정한 전류가 흐르므로 축전지에 손상이 적다.

7. **정답** ②

해설 전자제어엔진의 목적 : 필요한 만큼의 출력 발생, 불안정 연소상태를 삭제, 운전성 향상, 노킹 상태의 회피

8. **정답** ③

해설 윤활유의 구비조건

① 온도변화에 따른 점도변화가 적을 것
② 열전도가 솧고 내하중성이 클 것
③ 인화점 및 발화점이 높을 것
④ 카본을 생성하지 않고 강한 유막을 형성할 것

9. **정답** ④

해설 흡입밸브 열림＝흡입밸브 열림각도＋180°＋흡입밸브 닫힘각도
∴ 15°＋180°＋50°＝245°

10. **정답** ④

해설 엔진을 무부하상태로 만드는 것은 클러치와 변속기의 역할이다.

11. **정답** ①

해설 캐니스터는 HC가스(연료증발가스)를 포집한다.

12. **정답** ④

해설 자동차에 연료를 저장하는 방법에 따라 압축천연가스(CNG)자동차, 액화천연가스(LNG)자동차, 흡착천연가스(ANG)자동차 등으로 분류된다.

13. **정답** ④

해설 「도로교통법 시행규칙」 제46조 제2항
특별교통안전교육을 실시함에 있어서는 도로교통공단에서 제작하고 경찰청장이 감수한 교재를 사용하여야 한다.

14. **정답** ①

해설 노면표시에 사용되는 선의 종류

종류	점선	실선	복선
의미	허용	제한	의미의 강조

15. 정답 ③

해설 ▶ 주차위반 차의 견인·보관 및 반환 등을 위한 조치(「도로교통법 시행령」 제13조)

경찰서장, 도지사 또는 시장 등은 견인하여 보관하고 있는 차의 사용자나 운전자를 알 수 없는 경우에는 법 제35조 제4항에 따라 차를 견인한 날부터 14일간 해당 기관의 게시판에 다음 각 호의 사항을 공고하고, 행정자치부령으로 정하는 바에 따라 열람부를 작성·비치하여 관계자가 열람할 수 있도록 하여야 한다.

1. 보관하고 있는 차의 종류 및 형상
2. 보관하고 있는 차가 있던 장소 및 그 차를 견인한 일시
3. 차를 보관하고 있는 장소
4. 그 밖에 차를 보관하기 위하여 필요하다고 인정되는 사항

▶ 주차위반차의 견인·보관 및 반환 등을 위한 조치 등(「도로교통법 시행규칙」 제22조)

영 제13조 제3항에 따라 차의 사용자 또는 운전자에게 통지하여야 할 사항은 다음 각 호와 같다.

1. 차의 등록번호·차종 및 형식
2. 위반장소
3. 보관한 일시 및 장소
4. 통지한 날부터 1월이 지나도 반환을 요구하지 아니한 때에는 그 차를 매각 또는 폐차할 수 있다는 내용

16. 정답 ④

해설

위반행위	근거 법조문(도로교통법)	승합	승용
어린이통학버스 운영자의 의무위반 • 어린이통학버스의 보호자 동승의무 위반 (보호자 미탑승)	제53조 제3항	13만원	12만원

▶ 「도로교통법」 제53조(어린이통학버스 운전자 및 운영자 등의 의무) 제3항

어린이통학버스를 운영하는 자는 어린이통학버스에 어린이나 영유아를 태울 때에는 다음 각 호의 어느 하나에 해당하는 보호자를 함께 태우고 운행하여야 하며, 동승한 보호자는 어린이나 영유아가 승차 또는 하차하는 때에는 자동차에서 내려서 어린이나 영유아가 안전하게 승하차하는 것을 확인하고, 운행 중에는 어린이나 영유아가 좌석에 앉아 좌석안전띠를 매고 있도록 하는 등 어린이 보호에 필요한 조치를 하여야 한다.

1. 「유아교육법」에 따른 유치원이나 「초·중등교육법」에 따른 초등학교 또는 특수학교의 교직원
2. 「영유아보육법」 제2조 제5호에 따른 보육교직원
3. 「학원의 설립·운영 및 과외교습에 관한 법률」 제13조 제1항에 따른 강사
4. 「체육시설의 설치·이용에 관한 법률」에 따른 체육시설의 종사자
5. 그 밖에 어린이통학버스를 운영하는 자가 지명한 사람

17. 정답 ①

해설 「도로교통법」 제59조 제1항

고속도로의 관리자는 고속도로에서 일어나는 위험을 방지하고 교통의 안전과 원활한 소통을 확보하기 위하여 교통안전시설을 설치·관리하여야 한다. 이 경우 고속도로의 관리자가 교통안전시설을 설치하려면 경찰청장과 협의하여야 한다.

18. **정답** ①

해설 ① 100점(「도로교통법 시행규칙」별표 28)
② 60점
③ 40점
④ 15점

19. **정답** ②

해설 피해자를 치상하고 도주한 때는 1년 이상의 유기징역 또는 5백만원 이상 3천만원 이하의 벌금에 처한다.

20. **정답** ④

해설 「자동차관리법」제9조(신규등록의 거부)

시·도지사는 다음 각 호의 어느 하나에 해당하는 경우에는 신규등록을 거부하여야 한다.
1. 해당 자동차의 취득에 관한 정당한 원인행위가 없거나 등록신청사항에 거짓이 있는 경우
2. 자동차의 차대번호(車臺番號) 또는 원동기형식의 표기가 없거나 이들 표기가 자동차자기인증표시 또는 신규검사증명서에 적힌 것과 다른 경우
3. 「여객자동차운수사업법」에 따른 여객자동차운수사업 및 「화물자동차운수사업법」에 따른 화물자동차운수사업의 면허·등록·인가 또는 신고내용과 다르게 사업용 자동차로 등록하려는 경우
4. 「액화석유가스의 안전관리 및 사업법」제36조에 따른 액화석유가스의 연료사용제한규정을 위반하여 등록하려는 경우
5. 「대기환경보전법」및「소음·진동관리법」에 따른 제작차 인증을 받지 아니한 자동차 또는 제동장치에 석면을 사용한 자동차를 등록하려는 경우

파이널 모의고사

1. 축전지를 차에 설치한 채 급속충전을 할 때의 주의사항으로 틀린 것은?

① 축전지 각 셀(cell)의 플러그를 열어놓는다.

② 전해액온도가 45℃를 넘지 않도록 한다.

③ 축전지 가까이에서 불꽃이 튀지 않도록 한다.

④ 축전지의 양(+, −) 케이블을 단단히 고정하고 충전한다.

2. 다음 중 반도체의 장점이 아닌 것은?

① 극히 소형이고 경량이다.　　② 내부전력손실이 매우 적다.

③ 역내압(逆耐壓)이 낮다.　　④ 응답성이 빠르고 수명이 길다.

3. 자동차의 냉각장치에서 라디에이터의 구비조건이 아닌 것은?

① 단위면적당 방열량이 클 것　　② 가볍고 작으며 강도가 클 것

③ 냉각수의 흐름저항이 클 것　　④ 공기의 흐름저항이 적을 것

4. 자동차 배출가스 중 탄화수소(HC)의 생성원인과 무관한 것은?

① 농후한 연료로 인한 불완전연소

② 화염전파 후 연소실 내의 냉각작용으로 타다 남은 혼합기

③ 희박한 혼합기에서 점화 실화로 인한 원인

④ 배기머플러 불량

5. 전자제어연료분사장치시스템에서 대한 설명으로 틀린 것은?

① 흡기다기관 설계의 자유도가 낮다.

② 각 실린더에 필요한 양의 연료공급이 가능하며, 균일한 혼합기 조성이 가능하다.

③ 가속성능과 감속특성이 개선되었다.

④ 연료저감 및 유해물질저감 효과가 크다.

6. 분사펌프에 있는 공급펌프(priming pump)의 피스톤이 마모되면 어떤 상태가 발생되는가?

① 분사펌프의 캠샤프트마모가 촉진된다.
② 공급펌프의 송출압력이 저하된다.
③ 마찰저항이 적어 회전이 빨라진다.
④ 공급펌프의 송출량이 많아진다.

7. 디젤기관의 터보인터쿨러(turbo inter cooler)장치는 어떤 효과를 이용한 것인가?

① 압축된 공기의 밀도를 증가시키는 효과
② 압축된 공기의 온도를 증가시키는 효과
③ 압축된 공기의 수분을 증가시키는 효과
④ 배기가스를 압축시키는 효과

8. 브레이크의 파이프 내에 공기가 유입되었을 때 나타나는 현상으로 옳은 것은?

① 브레이크액이 냉각된다.
② 마스터실린더에서 브레이크액이 누설된다.
③ 브레이크페달의 유격이 커진다.
④ 브레이크가 지나치게 급히 작동한다.

9. 다음 중 제동장치에 대한 설명 중 옳은 것은?

① 디스크브레이크는 드럼식 브레이크에 비해 방열이 나쁘다.
② 디스크브레이크는 드럼식 브레이크에 비해 페이드현상이 더 많이 발생하기 때문에 항상 주행 중 잡음이 보다 많이 들린다.
③ 디스크브레이크는 자기작동을 하지 않아서 브레이크에 가해지는 유압력이 커야 한다.
④ 벤틸레이티드디스크브레이크는 마찰면 중간에 구멍을 뚫어 냉각성은 좋게 했으나 안전성이 적고 패드의 수명이 적어 경주용에만 사용된다.

10. 다음 중에서 앞바퀴에 작용하는 코너링포스가 커서 차량의 회전반경이 점점 작아지는 현상은?

① 오버스티어링현상　　　　　② 언더스티어링현상
③ 앤티로크현상　　　　　　　④ 트램핑현상

11. 변속기의 내부에 설치된 증속구동장치의 특징으로 틀린 것은?

① 기관의 회전속도를 일정수준 낮추어도 주행속도를 그대로 유지한다.
② 출력과 회전수의 증대로 윤활유 및 연료소비량이 증가한다.
③ 기관의 회전속도가 같으면 증속장치가 설치된 자동차속도가 더 빠르다.
④ 기관의 수명이 길어지고 운전이 정숙하게 된다.

12. 운행하는 자동차의 소음측정항목으로 맞는 것은?

① 배기소음
② 엔진소음
③ 진동소음
④ 가속출력소음

13. 자동차임시운행 허가기간으로 틀린 것은?

① 신규등록 신청을 위해 운행하고자 하는 경우－10일
② 자동차를 판매하는 자가 전시장에 전시하기 위해 운행하고자 하는 경우－10일
③ 수출하기 위해 말소등록한 자동차를 선적하기 위해 운행하고자 하는 경우－20일
④ 임시검사를 받기 위해 자동차를 운행하고자 하는 경우－20일

14. 노면표시의 기본색상 중 황색이 의미하는 것이 아닌 것은?

① 반대방향의 교통류 분리표시
② 노상장애물 중 도로 중앙 장애물표시
③ 주차금지표시
④ 지정방향의 교통류 분리표시

15. 다음 중 모든 차의 운전자가 주차할 수 있는 장소는?

① 터널 안 및 다리 위
② 소방용 방화물통으로부터 10m를 벗어난 곳
③ 화재경보기로부터 3m 이내인 곳
④ 지방경찰청장이 도로에서의 위험을 방지하고 교통의 안전과 원활한 소통을 확
보하기 위하여 필요하다고 인정하여 지정한 곳

16. 다음 중 구역이나 구간을 지정하여 고속도로의 속도를 제한할 수 있는 자는 누구인가?

① 지방경찰청장　　　　　　② 행정자치부장관
③ 경찰청장　　　　　　　　④ 국토교통부장관

17. 다음 안전표지가 설치된 곳에서의 운전방법으로 맞는 것은?

① 전방 50미터부터 앞차와의 거리를 유지하며 주행한다.
② 앞차를 따라서 주행할 때에는 매시 50킬로미터로 주행한다.
③ 뒤차와의 간격을 50미터 정도 유지하면서 주행한다.
④ 차간거리를 50미터 이상 확보하며 주행한다.

18. 다음 중 운전할 수 있는 차의 종류로 옳은 것은?

① 제2종 소형면허 – 이륜자동차
② 제1종 대형면허 – 견인형 특수자동차
③ 제1종 특수면허 – 제1종 보통면허로 운전할 수 있는 차량
④ 제2종 보통면허 – 승차정원 12인 이하의 승합자동차

19. 종합보험에 가입된 차량의 운전자가 신호등 없는 횡단보도를 횡단하는 보행자를 충격한 교통사고로 보행자를 불구에 이르게 하였다. 운전자에 대한 형사처벌절차로 맞는 것은?

① 보행자가 처벌을 원치 않으면 공소를 제기할 수 없다.
② 보행자가 처벌을 원해야만 공소를 제기할 수 있다.
③ 보행자의 처벌불원의사와 관계없이 공소를 제기할 수 없다.
④ 보행자의 처벌불원의사와 관계없이 공소를 제기할 수 있다.

20. 「자동차관리법」상 저속전기자동차의 운행구역지정을 해제하려는 경우에는 지정해제일부터 몇 일 전에 이를 고시하여야 하는가?

① 30일　　　　　　　　　　② 50일
③ 90일　　　　　　　　　　④ 120일

제21회 정답 및 해설

1. **정답** ④

해설 축전지를 차에 설치한 채 급속충전할 때에는 축전지의 (−)케이블을 떼어내고 충전한다.

2. **정답** ③

해설 반도체의 장점은 ①, ②, ④항이며, 역내압(逆耐壓)이 낮은 단점이 있다.

3. **정답** ③

해설 라디에이터의 구비조건
　　① 단위면적당 방열량이 클 것
　　② 가볍고 작으며 강도가 클 것
　　③ 냉각수의 흐름저항이 작을 것
　　④ 공기의 흐름저항이 적을 것

4. **정답** ④

해설 ①, ②, ③항이 탄화수소(HC)의 생성원인이고, 배기머플러와는 관계가 없다.

5. **정답** ①

해설 전자제어연료분사장치의 특징
　　① 흡기다기관 설계의 자유도가 높다.
　　② MPI는 각 실린더에 동일한 양의 연료를 공급하므로 균일한 혼합기 조성이 가능하다.
　　③ 가속성능과 감속특성이 개선되었다.
　　④ 연료절감 및 유해물질저감효과가 크다.

6. **정답** ②

해설 분사펌프에 설치되어 있는 공급펌프는 연료탱크에 저장되어 있는 연료를 피스톤이 상승할 때 분사펌프에 공급하는 역할을 한다. 피스톤이 마모되면 연료펌프에 공급되는 송출량이 저하된다.

7. **정답** ①

해설 인터쿨러터보는 과급된 공기를 냉각시켜 공기의 밀도를 향상시킴으로써 충전효율을 증대시킨다.

8. **정답** ③

해설 브레이크의 파이프 내에 공기가 유입되면 공기가 압축되어 브레이크페달의 유격이 커지게 된다.

9. **정답** ③

해설 ① 디스크브레이크는 드럼식 브레이크에 비해 냉각성능이 우수하다.

② 디스크브레이크는 드럼식 브레이크에 비해 페이드현상 발생이 매우 적다.

③ 디스크브레이크는 자기작동을 하지 않아서 브레이크에 가해지는 유압력이 커야 한다.

10. **정답** ①

해설 ② 언더스티어링현상이란 앞바퀴에 작용하는 코너링포스가 작아 선회반경이 커지는 것이다.

① 오버스티어링현상이란 앞바퀴에 작용하는 코너링포스가 커서 선회반경이 작아지는 것이다.

11. **정답** ②

해설 증속구동장치(오버드라이브)의 장점

① 엔진의 회전속도를 일정수준 낮추어도 자동차는 주행속도를 유지한다.

② 엔진의 회전속도가 동일하면 증속장치가 설치된 자동차의 속도가 더 빠르다.

③ 출력과 회전속도의 증대로 연료가 절약된다.

④ 엔진의 운전이 정숙하고 수명이 연장된다.

12. **정답** ①

해설 운행하는 자동차의 소음측정은 경적소음과 배기소음을 측정한다.

13. **정답** ④

해설 「자동차관리법 시행령」 제7조(임시운행의 허가 등) 제1항

시 · 도지사는 다음 각 호의 어느 하나에 해당하는 경우에는 법 제27조 제1항에 따른 임시운행허가를 할 수 있다.

1. 신규등록 신청을 위하여 자동차를 운행하려는 경우 : 10일 이내

2. 수출하기 위하여 말소등록한 자동차를 점검 · 정비하거나 선적하기 위하여 운행하려는 경우 : 20일 이내

3. 자동차의 차대번호 또는 원동기형식의 표기를 지우거나 그 표기를 받기 위하여 자동차를 운행하려는 경우 : 10일 이내

4. 자동차 자기인증에 필요한 시험 또는 확인을 받기 위하여 자동차를 운행하려는 경우 : 40일 이내

5. 신규검사 또는 임시검사를 받기 위하여 자동차를 운행하려는 경우 : 10일 이내

6. 자동차를 제작·조립·수입 또는 판매하는 자가 판매사업장·하치장 또는 전시장에 자동차를 보관·전시하기 위하여 운행하려는 경우 : 10일 이내
7. 자동차를 제작·조립·수입 또는 판매하는 자가 판매한 자동차를 환수하기 위하여 운행하려는 경우 : 10일 이내
8. 자동차를 제작·조립 또는 수입하는 자가 자동차에 특수한 설비를 설치하기 위하여 다른 제작 또는 조립장소로 자동차를 운행하려는 경우 : 40일 이내
9. 제작사 시험·연구의 목적으로 자동차를 운행하려는 경우 : 2년 범위 내
10. 「도로교통법」 제99조 및 제104조에 따른 자동차운전학원 및 자동차운전전문학원을 설립·운영하는 자가 검사를 받기 위하여 같은 법 시행령 제63조 제2항 및 제67조 제3항에 따른 기능교육용 자동차를 운행하려는 경우 : 10일 이내
11. 기타 국토해양부장관이 필요하다고 인정하는 경우 : 6개월 이내

14. **정답** ④
해설 지정방향의 교통류 분리표시는 청색으로 표시한다.

15. **정답** ②
해설 주차금지의 장소(「도로교통법」 제33조)
① 터널 안 및 다리 위
② 화재경보기로부터 3m 이내인 곳
③ 다음의 곳으로부터 5m 이내인 곳
- 소방용 기계·기구가 설치된 곳
- 소방용 방화물통
- 소화전 또는 소화용 방화물통의 흡수구나 흡수관을 넣는 구멍
- 도로공사를 하고 있는 경우에는 그 공사구역의 양쪽 가장자리
④ 지방경찰청장이 도로에서의 위험을 방지하고 교통의 안전과 원활한 소통을 확보하기 위하여 필요하다고 인정하여 지정한 곳

16. **정답** ③
해설 자동차 등의 속도(「도로교통법」 제17조)
① 자동차 등의 도로 통행속도는 행정자치부령으로 정한다.
② 경찰청장이나 지방경찰청장은 도로에서 일어나는 위험을 방지하고 교통의 안전과 원활한 소통을 확보하기 위하여 필요하다고 인정하는 경우에는 다음 각 호의 구분에 따라 구역이나 구간을 지정하여 제1항에 따라 정한 속도를 제한할 수 있다.
1. 경찰청장 : 고속도로
2. 지방경찰청장 : 고속도로를 제외한 도로

17. **정답** ④
해설 차간거리확보(223) : 규제표지
표지판에 표시된 차간거리 이상을 확보하여야 할 도로의 구간 또는 필요한 지점의 우측에 설치한다.

18. ①

 ② 견인형 특수자동차는 제1종 특수면허(견인차)로 운전이 가능하다.

③ 제1종 특수면허로는 제2종 보통면허로 운전할 수 있는 차량을 운전할 수 있다.

④ 제2종 보통면허로는 승차정원이 10인 이하의 승합자동차를 운전할 수 있다.

19. ④

 보행자가 처벌을 원하지 않는 불원의사와 관계없이 공소를 제기할 수 있다.

20. ③

 「자동차관리법」 제35조의4(운행구역의 고시 등) 제4항

지정권자가 운행구역지정을 해제하려는 경우에는 지정해제일부터 90일 전에 이를 고시하여야 한다.

파이널 모의고사

1. 자동차 동력전달장치에 사용되는 토크컨버터의 내용으로 (　)에 알맞은 것은?

> 토크컨버터에서 크랭크축에 직결된 (㉠)의 회전에 의해서 동력을 받은 작동유가
> (㉡)을(를) 회전시킨 다음 (㉢)을 통과한다.

① ㉠ : 펌프임펠러, ㉡ : 터빈런너, ㉢ : 스테이터
② ㉠ : 스테이터, ㉡ : 유체클러치, ㉢ : 터빈런너
③ ㉠ : 펌프임펠러, ㉡ : 스테이터, ㉢ : 터빈런너
④ ㉠ : 유체클러치, ㉡ : 가이드링, ㉢ : 토크컨버터

2. 토인의 필요성에 대한 설명으로 틀린 것은?

① 조향링키지의 마멸에 의해 토아웃이 되는 것을 방지한다.
② 수직방향의 하중에 의한 앞차축의 휨을 방지한다.
③ 앞바퀴를 평행하게 회전시킨다.
④ 바퀴가 옆방향으로 미끄러지는 것과 타이어의 마멸을 방지한다.

3. 공기식 브레이크 장치에서 공기의 압력을 기계적 운동으로 바꾸어주는 장치는?

① 릴레이밸브
② 브레이크체임버
③ 브레이크밸브
④ 브레이크슈

4. 클러치페달을 밟아 동력이 차단될 때 소음이 나타나는 원인으로 가장 적합한 것은?

① 클러치디스크가 마모되었다.
② 변속기어의 백래시가 작다.
③ 클러치스프링의 장력이 부족하다.
④ 릴리스베어링이 마모되었다.

5. 내부에 불활성 가스가 들어 있으며 사용에 따른 광도변화가 없고 대기조건에 따라 반사경이 흐려지지 않는 전조등의 형식은?

① 로우빔식   ② 하이빔식
③ 실드빔식   ④ 세미실드빔식

6. 엔진은 과열되지 않았는데 라디에이터 내부에 기포가 발생하였다. 그 이유로 옳은 것은?

① 수온조절기(thermostat) 기능의 불량
② 실린더헤드 개스킷의 불량
③ 크랭크케이스에 압축 누설
④ 냉각수량 과다

7. 피스톤과 관련된 점검사항으로 틀린 것은?

① 피스톤중량   ② 피스톤의 마모 및 균열
③ 피스톤과 실린더간극   ④ 피스톤오일링홈의 구멍크기

8. 연소의 3요소에 해당되지 않는 것은?

① 물   ② 공기(산소)
③ 점화원   ④ 가연물

9. 윤활유의 역할이 아닌 것은?

① 밀봉작용   ② 냉각작용
③ 팽창작용   ④ 방청작용

10. 전자제어연료분사장치에서 연료분사량제어에 대한 설명 중 틀린 것은?

① 비동기분사는 급가속 시 엔진의 회전수에 관계없이 순차모드에 추가로 분사하여 가속응답성을 향상시킨다.
② 순차분사모드의 분사타이밍은 각 기통별 크랭크각 BTDC 75°를 기준으로 한다.
③ 기본분사량은 흡입공기량과 엔진회전수에 의해 결정되며, 기본분사시간은 흡입공기량과 엔진회전수를 곱한 값이다.
④ 스로틀밸브의 개도변화율이 크면 클수록 비동기 분사시간은 길어진다.

11. 디젤기관의 기계식 연료분사펌프에서 딜리버리밸브의 기능이 아닌 것은?

① 연료의 역류 방지 ② 분사의 확실한 단속
③ 후적 방지 ④ 연료분사량의 가감

12. 운행자동차의 주제동장치의 제동능력검사 시 좌·우바퀴의 제동력 차이 기준은?

① 당해 축중의 8% 이상 ② 당해 축중의 8% 이하
③ 당해 축중의 20% 이상 ④ 당해 축중의 20% 이하

13. 다음 안전표지가 의미하는 것은?

① 자전거통행이 많은 지점 ② 자전거횡단도
③ 자전거주차장 ④ 자전거전용도로

14. 다음 중 차마의 운전자가 도로의 중앙이나 좌측 부분을 통행할 수 있는 경우가 아닌 것은?

① 도로가 일방통행인 경우
② 도로의 파손 등으로 도로의 우측 부분을 통행할 수 없는 경우
③ 도로 우측 부분의 폭이 차마의 통행에 충분하지 아니한 경우
④ 도로 우측 부분의 폭이 10m가 되지 아니하는 도로에서 다른 차를 앞지르려는 경우

15. 일반도로에서 견인자동차가 아닌 자동차로 총중량 2,000kg 미만인 자동차를 그 총중량의 3배인 자동차로 견인할 때의 속도 최대치는?

① 20km/h ② 25km/h
③ 30km/h ④ 35km/h

16. 다음 중 고속도로나 자동차전용도로에서 정차 또는 주차가 가능한 경우가 아닌
것은?

① 고장이나 부득이 하게 길 가장자리에 정차 또는 주차하는 경우

② 통행료를 지불하기 위하여 통행료를 받는 곳에서 정차하는 경우

③ 도로의 관리자가 그 고속도로 또는 자동차전용도로를 보수 · 유지하기 위하여
정차 또는 주차하는 경우

④ 경찰용 긴급자동차가 고속도로 또는 자동차전용도로에서 경찰임무수행 외의
일을 위하여 정차 또는 주차하는 경우

17. 운전면허 결격사유에 대한 다음 설명 중 틀린 것은?

① 음주운전으로 3회 이상 교통사고를 일으킨 경우에는 운전면허가 취소된 날부
터 3년간 운전면허를 받을 수 없다.

② 운전면허의 효력이 정지된 기간 중 운전으로 인하여 취소된 경우에는 그 취소
된 날부터 2년간 운전면허를 받을 수 없다.

③ 운전면허의 효력의 정지처분을 받고 있는 경우에는 4년간 운전면허를 받을 수
없다.

④ 무면허운전으로 사람을 사상한 후 사고 발생 후의 조치규정에 위반한 경우에는
5년간 운전면허를 받을 수 없다.

18. 경찰공무원이 자동차 등의 운전자가 교통사고를 일으킨 경우에 현장에서 출석지
시서를 발급하면 출석지시서를 받은 사람은 며칠 이내에 출석하여야 하는가?

① 10일 이내에   ② 30일 이내에

③ 3개월 이내에   ④ 6개월 이내에

19. 교통안전교육의 내용이 아닌 것은?

① 운전자가 갖추어야 하는 기본예절   ② 도로교통에 관한 법령과 지식

③ 안전운전능력   ④ 자동차 등록 및 관리요령

20. 자동차 이전등록에 있어 매매의 경우 자동차 소유자는 며칠 이내에 이전등록을 해
야 하는가?

① 매입일로부터 7일 이내   ② 사유가 발생한 날부터 10일 이내

③ 매수한 날부터 15일 이내   ④ 매매일로부터 20일 이내

제22회 정답 및 해설

1. **정답** ①
해설 토크컨버터의 작동(오일흐름)
엔진이 회전하면 펌프(임펠러)도 함께 회전하여 펌프 내의 오일은 원심력에 의해 바깥둘레로 튕겨 나가는데, 뒤에 오일이 따라오므로 터빈(런너)에 힘차게 흘러 들어간다. 흘러 들어간 오일은 터빈(런너)의 날개에 부딪혀 그의 충격력으로 터빈(런너)를 돌리고, 날개의 곡면을 따라 중심으로 가서 스테이터로 향하게 된다.

2. **정답** ②
해설 토인의 필요성
① 타이어의 이상마멸을 방지한다.
② 앞바퀴를 평행하게 회전시킨다.
③ 조향링키지마멸에 의해 토아웃이 되는 것을 방지한다.
④ 바퀴가 옆방향으로 미끄러지는 것을 방지한다.
⑤ 타이어의 마멸을 방지한다.

3. **정답** ②
해설 공기브레이크장치의 기능
① 릴레이밸브 : 제동 시 브레이크밸브에서 공급된 압축공기를 뒤브레이크체임버에 공급하고, 해제 시 뒤브레이크체임버에 공급된 공기를 배출시키는 역할을 한다.
② 브레이크체임버 : 제동 시 공급된 압축공기의 압력을 기계적 에너지로 변환시켜 브레이크 캠을 작동시키는 역할을 한다.
③ 브레이크밸브 : 브레이크페달을 밟을 때 공기탱크의 압축공기를 브레이크체임버(앞브레이크체임버와 릴레이밸브)에 공급하는 역할을 한다.
④ 브레이크슈 : 제동 시 브레이크캠에 의해 브레이크 드럼에 압착되어 제동력을 발생시키는 역할을 한다.

4. **정답** ④
해설 클러치페달을 밟으면 릴리스베어링은 클러치커버와 함께 회전하게 되며, 릴리스베어링이 소손되면 소음이 발생된다.

5. **정답** ③

해설 실드빔(sealed beam)형 전조등은 렌즈, 반사경, 필라멘트가 일체로 된 구조이고, 내부에 불활성 가스가 들어 있으며, 사용에 따른 광도변화가 없고 대기조건에 따라 반사경이 흐려지지 않는 등의 장점이 있다. 세미실드빔형은 렌즈와 반사경은 일체로 전구(bulb)는 뒤에서 교환할 수 있는 구조이다.

6. **정답** ②

해설 실린더헤드 개스킷의 불량으로 폭발 시 발생한 고압의 연소가스가 냉각수의 통로를 통하여 냉각수와 혼합되어 라디에이터로 유입된 상태이다.

7. **정답** ④

해설 피스톤과 관련된 점검은 피스톤의 중량, 피스톤링홈사이드간극, 피스톤균열 및 마모, 피스톤핀의 평행도, 피스톤과 실린더간극 등을 점검하여야 한다.

8. **정답** ①

해설 소화(연소)의 3요소는 공기, 가연물, 점화원이다.

9. **정답** ③

해설 윤활유의 역할에는 감마작용, 밀봉작용, 냉각작용, 방청작용, 세척작용, 응력분산작용이 있다.

10. **정답** ③

해설 기본분사량은 흡입공기의 질량을 계측하여 구한다.

11. **정답** ④

해설 딜리버리밸브의 기능
① 분사파이프를 통하여 분사노즐에 연료를 공급하는 역할을 한다.
② 분사 종료 후 연료가 역류되는 것을 방지한다.
③ 분사파이프 내의 잔압을 연료분사압력의 70~80% 정도로 유지한다.
④ 분사노즐의 후적을 방지한다.

12. **정답** ②

해설 「자동차 및 자동차부품의 성능과 기준에 관한 규칙」 별표 4(제15조 제1항 제11호 관련)
주제동장치의 제동능력에서 좌·우바퀴의 제동력 차이(편차)는 당해 축중의 8% 이하이어야 한다.

13. 정답 ①

해설 자전거(주의표지)로, 자전거통행이 많은 지점이 있음을 알리는 주의표지이다.

14. 정답 ④

해설 「도로교통법」 제13조(차마의 통행) 제4항 제3호
도로 우측 부분의 폭이 6m가 되지 아니하는 도로에서 다른 차를 앞지르려는 경우이다.

15. 정답 ③

해설 「도로교통법 시행규칙」 제20조(자동차를 견인할 때의 속도)
견인자동차가 아닌 자동차로 다른 자동차를 견인하여 도로(고속도로를 제외한다)를 통행하는 때의 속도는 총중량 2천킬로그램 미만인 자동차를 총중량이 그의 3배 이상인 자동차로 견인하는 경우에는 매시 30킬로미터 이내, 이 외의 경우 및 이륜자동차가 견인하는 경우에는 매시 25킬로미터 이내의 속도로 하여야 한다.

16. 정답 ④

해설 「도로교통법」 제64조(고속도로 등에서의 정차 및 주차의 금지)
자동차의 운전자는 고속도로 등에서 차를 정차하거나 주차시켜서는 아니 된다. 다만, 다음 각 호의 어느 하나에 해당하는 경우에는 그러하지 아니하다.
1. 법령의 규정 또는 경찰공무원(자치경찰공무원은 제외한다)의 지시에 따르거나 위험을 방지하기 위하여 일시정차 또는 주차시키는 경우
2. 정차 또는 주차할 수 있도록 안전표지를 설치한 곳이나 정류장에서 정차 또는 주차시키는 경우
3. 고장이나 그 밖의 부득이한 사유로 길 가장자리구역(갓길을 포함한다)에 정차 또는 주차시키는 경우
4. 통행료를 내기 위하여 통행료를 받는 곳에서 정차하는 경우
5. 도로의 관리자가 고속도로 등을 보수 · 유지 또는 순회하기 위하여 정차 또는 주차시키는 경우
6. 경찰용 긴급자동차가 고속도로 등에서 범죄수사, 교통단속이나 그 밖의 경찰임무를 수행하기 위하여 정차 또는 주차시키는 경우
7. 교통이 밀리거나 그 밖의 부득이한 사유로 움직일 수 없을 때에 고속도로 등의 차로에 일시정차 또는 주차시키는 경우

17. 정답 ③

해설 「도로교통법」 제82조(운전면허의 결격사유) 제2항 제8호
운전면허의 효력이 정지처분을 받고 있는 경우에는 그 정지기간 동안에만 운전면허를 받을 수 없다.

18. ①

해설 「도로교통법 시행령」 제83조(출석지시 불이행자의 처리) 제1항

출석지시서를 받은 사람은 출석지시서를 받은 날부터 10일 이내에 지정된 장소로 출석하여야 한다.

19. 정답 ④

해설 「도로교통법」 제73조(교통안전교육) 제1항

1. 운전자가 갖추어야 하는 기본예절
2. 도로교통에 관한 법령과 지식
3. 안전운전능력
4. 어린이 · 장애인 및 노인의 교통사고예방에 관한 사항
5. 친환경 경제운전에 필요한 지식과 기능
6. 긴급자동차에 길 터주기 요령
7. 그 밖에 교통안전의 확보를 위하여 필요한 사항

20. 정답 ③

해설 이전등록 신청기간

구분	내용	
의의	매매 · 증여 · 상속 및 기타의 사유로 자동차의 소유권이 이전된 경우에 시 · 도지사에게 신청	
신청 기간	매매의 경우	매수한 날부터 15일 이내
	증여의 경우	증여를 받은 날부터 20일 이내
	상속의 경우	상속개시일부터 3개월 이내
	기타의 사유로 인한 소유권이전의 경우	사유가 발생한 날부터 15일 이내

파이널 모의고사

1. 유압식 클러치의 특징이 아닌 것은?

① 각 부의 기계적 마찰이 작아 페달을 밟는 힘이 적다.
② 오일의 압력전달이 신속하므로 클러치조작이 신속하다.
③ 오일 누설 및 공기흡입 시에도 조작이 가능하다.
④ 엔진과 클러치페달의 설치위치를 자유롭게 정할 수 있다.

2. 전자제어 현가장치(ECS)의 주요 기능이 아닌 것은?

① 스프링상수와 감쇠력제어기능　　② 자세제어기능
③ 정속제어기능　　④ 차고조정기능

3. 차륜정렬의 목적으로 거리가 먼 것은?

① 선회 시 좌우측 바퀴의 조향각을 같게 한다.
② 조향휠의 복원성을 유지한다.
③ 조향휠의 조작력을 가볍게 한다.
④ 타이어의 편마모를 방지한다.

4. 수동변속기의 필요성으로 틀린 것은?

① 무부하상태로 공전운전할 수 있게 하기 위해
② 회전방향을 역으로 하기 위해
③ 발진 시 각 부에 응력의 완화와 마멸을 최대화하기 위해
④ 차량 발진 시 중량에 의한 관성으로 인해 큰 구동력이 필요하기 때문에

5. 다음 중 에어컨 냉매의 구비조건이 아닌 것은?

① 비체적과 점도가 작을 것
② 가연성, 폭발성 및 인체에 유해성이 없을 것
③ 증발잠열이 클 것
④ 임계온도가 낮고 응고점이 높을 것

6. 부특성(NTC) 가변저항을 이용한 센서는?

① 산소센서   ② 수온센서

③ 조향각센서   ④ TDC센서

7. 전자제어가솔린분사기관에서 흡입공기량을 계량하는 방식 중에서 흡기다기관의 절대압력과 기관의 회전속도로부터 1사이클 당 흡입공기량을 추정할 수 있는 방식은?

① 칼만와류방식   ② MAP센서방식

③ 베인식   ④ 열선식

8. 엔진의 크랭크축 휨을 측정할 때 사용되는 기기 중 없어도 되는 것은?

① 블록게이지   ② 정반

③ V블록   ④ 다이얼게이지

9. 디젤연료의 세탄가와 관계없는 것은?

① 세탄가는 기관성능에 크게 영향을 준다.

② 세탄가란 세탄과 알파메틸나프탈린의 혼합액으로 세탄의 함량에 따라서 다르다.

③ 세탄가가 높으면 착화지연시간을 단축시킨다.

④ 세탄가는 점도지수로 나타낸다.

10. LPG엔진의 특징을 옳게 설명한 것은?

① 기화하기 쉬워 연소가 균일하다.

② 겨울철 이동이 쉽다.

③ 베이퍼록이나 퍼컬레이션이 일어나기 쉽다.

④ 배기가스에 의한 배기관, 소음기 부식이 쉽다.

11. 디젤기관에서 감압장치의 설명 중 틀린 것은?

① 흡입효율을 높여 압축압력을 크게 한다.

② 겨울철 기관오일의 점도가 높을 때 시동 시 이용한다.

③ 기관의 점검, 조정에 이용한다.

④ 흡입 또는 배기밸브에 작용하여 감압한다.

12. 하이브리드자동차에서 직류(DC)전압을 다른 직류(DC)전압으로 바꾸어주는 장치는 무엇인가?

① 커패시터　　　　　　　　　　② DC-AC인버터
③ DC-DC컨버터　　　　　　　　④ 리졸버

13. 다음 중 도로교통법상 자동차전용도로는?

① 자동차의 고속운행에만 사용하기 위하여 지정된 도로
② 차로와 차로를 구분하기 위하여 그 경계지점을 안전표지로 표시한 선
③ 자동차만 다닐 수 있도록 설치된 도로
④ 위험 방지용 울타리나 그와 비슷한 인공구조물로 경계를 표시하여 통행할 수 있도록 설치된 도로

14. 화물자동차의 적재중량 및 용량이 잘못된 것은?

① 길이는 자동차 길이에 그 길이의 10분의 1의 길이를 더한 길이
② 너비는 자동차의 후사경으로 뒤쪽을 확인할 수 있는 범위의 너비
③ 높이는 지상으로부터 4m의 높이
④ 적재중량은 구조 및 성능에 따르는 적재중량의 150% 이내일 것

15. 다음 중 「자동차관리법」상의 용어의 정의가 잘못된 것은?

① "자동차관리사업"이란 자동차매매업·자동차정비업 및 자동차해체재활용업을 말한다.
② "자동차해체재활용업"이란 자동차매매업·자동차정비업 및 자동차해체재활용업을 말한다.
③ "자동차매매업"이란 자동차[신조차(新造車)와 이륜자동차는 제외한다]의 매매 또는 매매 알선 및 그 등록 신청의 대행을 업(業)으로 하는 것을 말한다.
④ "자동차정비업"이란 자동차(이륜자동차는 제외한다)의 점검작업, 정비작업 또는 튜닝작업을 업으로 하는 것을 말한다.

16. 교통사고 발생 시의 조치를 하지 아니한 사람의 벌칙은?

① 10년 이하의 징역이나 3,000만원 이하의 벌금
② 10년 이하의 징역이나 1,500만원 이하의 벌금
③ 5년 이하의 징역이나 3,000만원 이하의 벌금
④ 5년 이하의 징역이나 1,5000만원 이하의 벌금

17. 다음 중 운전면허를 취소하여야 하는 경우는?

① 술에 취한 상태에 있다고 인정할 만한 상당한 이유가 있음에도 불구하고 경찰공무원의 측정에 응하지 아니한 경우

② 약물의 영향으로 인하여 정상적으로 운전하지 못할 우려가 있는 상태에서 자동차 등을 운전한 경우

③ 공동위험행위를 한 경우

④ 교통사고로 사람을 사상한 후 필요한 조치 또는 신고를 하지 아니한 경우

18. 차로의 설치에 대한 설명으로 잘못된 것은?

① 시장 등은 원활한 교통을 확보하기 위하여 특히 필요한 경우에는 지방경찰청장이나 경찰서장과 협의하여 도로에 전용차로를 설치할 수 있다.

② 전용차로의 종류, 전용차로로 통행할 수 있는 차와 그 밖에 전용차로의 운영에 필요한 사항은 국토교통부령으로 정한다.

③ 전용차로로 통행할 수 있는 차가 아니면 전용차로로 통행하여서는 아니 된다.

④ 긴급자동차가 그 본래의 긴급한 용도로 운행되고 있는 경우 등 대통령령으로 정하는 경우에는 전용차로로 통행할 수 있다.

19. 보청기를 사용하는 사람이 제1종 운전면허 중 대형면허를 받을 수 있는 청력기준은?

① 55dB   ② 50dB

③ 45dB   ④ 40dB

20. 특별시장·광역시장이 지방경찰청장에게 위임하는 사항이 아닌 것은?

① 교통안전시설의 설치에 관한 권한

② 유료도로관리자에 대한 지시 권한

③ 교통안전시설의 관리에 관한 권한

④ 주차 위반차에 대한 조치 권한

제23회 정답 및 해설

1. **정답** ③

해설 유압식 클러치는 ①, ②, ④항의 장점이 있으며, 오일 누설 및 공기흡입 시에는 조작이 불가능한 단점이 있다.

2. **정답** ③

해설 전자제어 현가장치(ECS)는 노면상태, 주행조건, 운전자의 선택상태 등에 의하여 차량의 높이와 스프링상수, 감쇠력 및 차량의 자세변화를 컴퓨터에서 자동적으로 제어하는 장치이다.

3. **정답** ①

해설 앞바퀴 얼라인먼트의 목적
  ① 조향휠의 조작력을 가볍게 한다.
  ② 조향휠의 조작을 확실하게 하고 안전성을 유지한다.
  ③ 조향휠의 복원성을 유지한다.
  ④ 타이어의 편마멸을 방지한다.

4. **정답** ③

해설 변속기의 필요성
  ① 엔진을 무부하상태로 공전운전을 할 수 있게 한다.
  ② 회전방향을 역으로 하여 후진을 한다.
  ③ 회전력을 증가시킬 수 있다.

5. **정답** ④

해설 냉매의 구비조건
  ① 비체적과 점도가 작을 것
  ② 증발잠열이 클 것
  ③ 임계온도가 높고 부식성이 적을 것
  ④ 가연성, 폭발성 및 인체에 유해성이 없을 것
  ⑤ 화학적으로 안정되고 금속에 대하여 부식성이 없을 것
  ⑥ 압축기에서 나오는 가스의 온도가 낮을 것
  ⑦ 전기절연성이 좋고 안정성이 높을 것

6. **정답** ②

해설 부특성 서미스터는 온도가 상승하면 저항값이 감소하는 소자로 엔진냉각수온센서, 서미스터, 연료잔량검출기, 흡입공기온도센서 등에 이용된다.

7. **정답** ②

해설 MAP(Manifold Absolute Pressure)센서방식은 흡기다기관의 절대압력과 기관의 회전속도로부터 흡입공기량을 측정한다.

8. **정답** ①

해설 크랭크축의 휨측정은 정반 위에 V블록을 놓고, 그 위에 크랭크축을 올려놓은 다음 다이얼게이지를 설치하고 크랭크축을 회전시켜 휨값을 읽는다.

9. **정답** ④

해설 세탄가란 디젤연료의 착화성을 나타내는 수치이다.

10. **정답** ①

해설 LPG엔진의 특징

① 대기오염이 적고 위생적이다.
② 연소효율이 좋고 엔진이 정숙하다.
③ 오일의 오염이 적어 엔진 수명이 길다.
④ 기화하기 쉬워 연소가 균일하다.
⑤ 가스상태이므로 증기 폐쇄가 일어나지 않는다.
⑥ 옥탄가가 높고 노킹이 적어 점화시기를 앞당길 수 있다.
⑦ 연소실에 카본 부착이 없어 점화플러그의 수명이 길어진다.

11. **정답** ①

해설 감압장치의 설치목적

① 겨울철 오일의 점도가 높을 때 시동을 용이하게 하기 위해서이다.
② 흡입밸브나 배기밸브를 강제로 열어 감압한다.
③ 기관의 점검, 조정 및 고장 발견 시에 활용하기도 한다.
④ 디젤엔진의 작동을 정지시킬 수도 있다.

12. **정답** ③

해설 하이브리드자동차에서 직류(DC)전압을 다른 직류(DC)전압으로 바꾸어주는 장치를 LDC(Low DC-DC Converter)라 한다.

13. 정답 ③

해설 ③ 「도로교통법」 제2조 제2호

① 고속도로(「도로교통법」 제2조 제3호)

② 차선(「도로교통법」 제2조 제7호)

④ 자전거도로(「도로교통법」 제2조 제8호)

14. 정답 ④

해설 ▶ 「도로교통법 시행령」 제22조 제3호

화물자동차의 적재중량은 구조 및 성능에 따르는 적재중량의 110% 이내일 것

▶ 화물자동차의 적재용량(「도로교통법 시행령」 제22조 제4호)

① 길이 : 자동차 길이에 그 길이의 10분의 1을 더한 길이(이륜자동차는 그 승차장치의 길이 또는 적재장치의 길이에 30cm를 더한 길이)

② 너비 : 자동차의 후사경으로 뒤쪽을 확인할 수 있는 범위(후사경의 높이보다 화물을 낮게 적재한 경우에는 그 화물을, 후사경의 높이보다 높게 적재한 경우에는 뒤쪽을 확인할 수 있는 범위)의 너비

③ 높이 : 지상으로부터 4m(도로구조의 보전과 통행의 안전에 지장이 없다고 인정하여 고시한 도로노선의 경우에는 4m 20cm), 소형 3륜자동차는 지상으로부터 2m 50cm, 이륜자동차는 지상으로부터 2m의 높이

15. 정답 ②

해설 「자동차관리법」 제2조(정의)

이 법에서 사용하는 용어의 뜻은 다음과 같다.

1. "자동차관리사업"이란 자동차매매업·자동차정비업 및 자동차해체재활용업을 말한다.

2. "자동차해체재활용업"이란 폐차요청된 자동차(이륜자동차는 제외한다)의 인수(引受), 재사용 가능한 부품의 회수, 폐차 및 그 말소등록신청의 대행을 업으로 하는 것을 말한다.

3. "자동차매매업"이란 자동차[신조차(新造車)와 이륜자동차는 제외한다]의 매매 또는 매매 알선 및 그 등록 신청의 대행을 업(業)으로 하는 것을 말한다.

4. "자동차정비업"이란 자동차(이륜자동차는 제외한다)의 점검작업, 정비작업 또는 튜닝작업을 업으로 하는 것을 말한다. 다만, 국토교통부령으로 정하는 작업은 제외한다.

16. 정답 ④

해설 「도로교통법」 제148조

교통사고 발생 시의 조치를 하지 아니한 사람은 5년 이하의 징역이나 1,500만원 이하의 벌금에 처한다.

17. 정답 ①

해설 ① 「도로교통법」 제93조 제1항 제3호

②, ③, ④ 「도로교통법」 제93조 제1항 제4·5·6호

운전면허를 취소하거나 1년 이내의 범위에서 운전면허의 효력을 정지시킬 수 있다.

18. 정답 ②

해설 「도로교통법」 제15조 제2항
전용차로의 종류, 전용차로로 통행할 수 있는 차와 그 밖에 전용차로의 운영에 필요한 사항은 대통령령으로 정한다.

19. 정답 ④

해설 「도로교통법 시행령」 제45조 제1항 제3호
55dB(보청기를 사용하는 사람은 40dB)의 소리를 들을 수 있을 것

20. 정답 ④

해설 ④ 특별시장·광역시장이 관할구역의 구청장 및 군수에게 위임하는 사항이다(「도로교통법 시행령」 제86조 제2항 제2호).
①, ②, ③ 「도로교통법 시행령」 제86조 제1항

1. 전자제어가솔린기관에서 인젝터제어에 대한 내용으로 틀린 것은?

　① 흡기온도, 냉각수온도에 따라 기본분사량을 결정한다.

　② 산소센서를 이용하여 연료분사량을 피드백제어한다.

　③ ECU는 인젝터의 통전시간을 결정한다.

　④ 배터리전압이 낮으면 인젝터통전시간을 연장시킨다.

2. 전자제어가솔린기관에 대한 설명으로 (　　) 안에 적합한 내용은?

> 감속 시는 스토틀밸브가 (　　) 때문에 흡기관 내 압력은 (　　)지고, 흡기밸브 및 그 주위의 부착연료는 기화가 촉진되며, 가속 시와는 반대로 공연비가 (　　)해지므로 그 분량만큼 연료의 (　　)이 필요하다.

　① 열리기, 낮아, 농후, 감량　　　　② 열리기, 높아, 희박, 증량

　③ 닫히기, 낮아, 농후, 감량　　　　④ 닫히기, 높아, 희박, 증량

3. 디젤기관의 연소실 중 예연소실식과 비교하였을 때 직접분사실식의 특징을 설명한 것으로 옳은 것은?

　① 열손실이 비교적 적다.　　　　② 압축압력이 낮다.

　③ 연소실 구조가 복잡하다.　　　　④ 열효율이 낮고 연료소비율이 크다.

4. 자동차용 타이어를 안전하게 사용하는 방법으로 틀린 것은?

　① 정기적으로 앞·뒤, 좌·우타이어를 서로 교환하여 사용한다.

　② 하이드로플레이닝을 방지하기 위해 공기압을 낮추고 가능한 러그패턴을 사용한다.

　③ 타이어의 온도가 임계온도보다 높게 상승되지 않도록 하기 위해 급가속운전을 하지 않는다.

　④ 타이어의 마모를 방지하기 위하여 정기적으로 타이어공기압을 점검하여 부족 시 보충한다.

5. 제동 시 브레이크페달이 점점 딱딱해지는 원인으로 옳은 것은?

① 마스터실린더 1차 피스톤컵의 누유

② 브레이크액의 부족

③ 휠실린더의 누유

④ 마스터실린더 체크밸브의 고착

6. 공기현가장치에서 공기저장탱크와 서지탱크를 연결하는 배관 도중에 설치되어 자동차의 높이를 일정하게 유지시키는 밸브는 다음 중 어느 것인가?

① 레벨링밸브　　　　　　② 언로더밸브

③ 체크밸브　　　　　　　④ 릴레이밸브

7. 기관의 성능에 요구되는 사항 중 틀린 것은?

① 저속에서 저회전력, 고속에서 고회전력일 것

② 저속에서 고속으로 가속도가 클 것

③ 연료소비율이 적으며 경제운전이 될 것

④ 최고속에서 회전력은 낮으나 속도가 빠를 것

8. 4사이클 8기통엔진에서 크랭크축이 1회전할 때 몇 개의 점화플러그가 점화하는가?

① 1개　　　　　　　　　② 2개

③ 4개　　　　　　　　　④ 8개

9. 토크컨버터에서 토크변환율이 최대가 될 때는?

① 터빈이 정지상태에서 회전하려고 할 때

② 터빈이 펌프의 1/3회전할 때

③ 터빈이 펌프의 1/2회전할 때

④ 펌프와 터빈이 회전속도가 거의 같아졌을 때

10. ABS장치에서 모듈레이터의 구성요소로 틀린 것은?

① 체크밸브　　　　　　　② 어큐뮬레이터

③ 휠속도센서　　　　　　④ 솔레노이드밸브

11. 50m 떨어진 지점에서 자동차 전조등의 조도를 측정하였더니 8럭스(lux)가 나왔다면 광도는?

① 12,500cd   ② 15,000cd

③ 20,000cd   ④ 22,000cd

12. 자동차용 교류발전기에서 Y결선 스테이터코일에 대한 내용으로 틀린 것은?

① 각 코일의 한 끝은 공통점으로 접속하고, 다른 쪽 끝을 각각 결선한 것이다.

② 선간전압은 각 상전압의 $\sqrt{3}$ 배가 된다.

③ 전류를 이용하기 위한 결선방법이다.

④ 저속에서 발생전압이 높다.

13. 등록 또는 임시운행허가를 받지 아니한 자동차를 운전한 때 「도로교통법」상 처벌기준은?

① 100일 면허정지   ② 과태료 부과

③ 면허 취소   ④ 형사입건

14. 교통사고결과에 따른 벌점처벌에 대한 기준으로 맞는 것은?

① 행정처분을 받을 운전자 본인의 인적피해에 대해서도 인적피해교통사고 구분에 따라 벌점을 부과한다.

② 자동차 등 대 사람 교통사고의 경우 쌍방과실인 때에는 벌점을 부과하지 않는다.

③ 교통사고 발생원인이 불가항력이거나 피해자의 명백한 과실인 때에는 벌점을 2분의 1로 감경한다.

④ 자동차 등 대 자동차 등 교통사고의 경우에는 그 사고원인 중 중한 위반행위를 한 운전자에게만 벌점을 부과한다.

15. 운전자가 교차로에서 통행하여야 할 방향으로 정확하게 진행할 수 있도록 교차로 내에 백색 점선으로 표시한 노면표시는 다음 중 어느 것인가?

① 유도선   ② 연장선

③ 지시선   ④ 규제선

16. 대형 승합자동차 운행 중 차 내에서 소란행위에 대한 방치운전의 경우 운전자에 대한 처벌기준으로 맞는 것은?

① 범칙금 8만원, 벌점 20점 ② 범칙금 9만원, 벌점 30점
③ 범칙금 10만원, 벌점 40점 ④ 범칙금 11만원, 벌점 50점

17. 도로의 원활한 소통과 안전을 위하여 최근 회전교차로를 활성화하고 있는 추세이다. 그러나 도로여건상 회전교차로 설치를 금지해야 하는 경우가 있다. 다음 보기 중 회전교차로 설치를 금지해야 하는 경우는?

① 불필요한 신호대기시간이 길어 교차로 지체가 악화된 경우
② 첨두시(尖頭時 ; Rush-Hour) 가변차로가 운영되는 경우
③ 교통량수준이 높지 않으나 교차로 교통사고가 많이 발생하는 경우
④ 각 접근로별 통행우선권 부여가 어렵거나 바람직하지 않은 경우

18. 다음은 「도로교통법 시행령」 제22조 운행상의 안전기준에서 자동차의 높이에 대한 기준이다. 다음 괄호 안에 들어갈 내용으로 바르게 짝지어 진 것은?

> 화물자동차는 지상으로부터 4미터(도로구조의 보전과 통행의 안전에 지장이 없다고 인정하여 고시한 도로노선의 경우에는 (ⓐ)), 소형 3륜자동차는 지상으로부터 (ⓑ), 이륜자동차는 지상으로부터 (ⓒ)의 높이를 넘지 아니하여야 한다.

　　　　　ⓐ　　　　　　　ⓑ　　　　　ⓒ
① 4미터 50센티, 2미터 30센티, 2미터 40센티
② 4미터 40센티, 2미터 40센티, 2미터 30센티
③ 4미터 30센티, 2미터 50센티, 2미터 20센티
④ 4미터 20센티, 2미터 50센티, 2미터

19. 다음 중 「교통사고처리 특례법」상 신호·지시 위반사고에 해당하지 않는 것은?

① 진입금지표지판이 설치된 일방통행도로를 역주행하다 정상진행차량과 충돌한 사고
② 교통경찰관의 수신호를 위반하여 진행한 사고
③ 긴급자동차가 주의를 다하지 않은 상태에서 신호 위반하여 진행하던 중 발생된 사고
④ 지선도로의 진행방향의 신호등이 없는 교차로에서 간선도로의 황색신호에 교차로를 진입하던 중 사고

20. 다음 교통안전표지(노면표시)가 의미하는 것은?

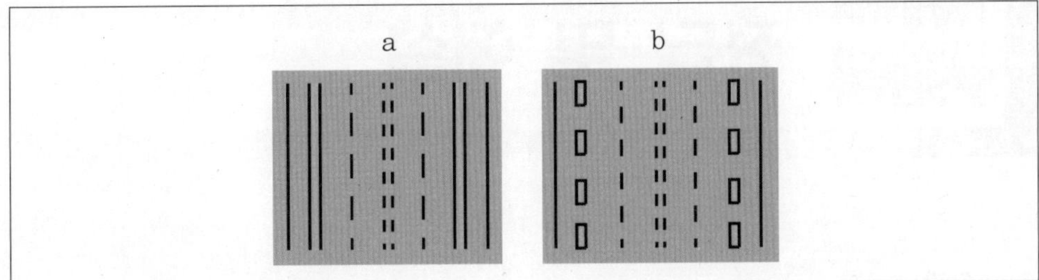

① a : 정차금지, b : 주차금지　　② a : 주차금지, b : 정차금지

③ a : 주 · 정차금지, b : 주차금지　　④ a : 주차금지, b : 주 · 정차금지

제24회 정답 및 해설

1. **정답** ①

해설 기본분사량제어

인젝터는 크랭크 각 센서(CAS or CPS)의 출력신호와 공기흐름센서(AFS)의 출력을 계측한 ECU신호에 의해 인젝터가 구동되며, 분사횟수는 크랭크 각 센서의 신호 및 공기량에 비례한다. 즉, 기본분사량을 결정짓는 것은 공기흐름센서(AFS)에서 측정한 흡입공기량과 크랭크 각 센서(CAS or CPS)의 엔진회전수신호에 의해 결정한다.

2. **정답** ③

해설 가 · 감속 시의 보정계수

기본분사량만으로는 가속, 감속 등 과도 시에 공연비가 목표값으로부터 이탈하게 되며, 이 이탈되는 경향은 일반적으로 가속 시는 희박하게, 또 감속 시는 농후하게 되고, 따라서 각각의 증량과 감량의 보정이 필요하게 된다. 가 · 감속 시의 보정을 하지 않으면 엔진의 회전이 고르지 못한 경우 데토네이션, 서징, 백파이어 등의 이상현상이 발생되며 유해한 배출가스도 증가된다.

① 가속보정 : 흡기관부압력에 대하여 $2.5kgf/cm^2$의 고압으로 분사되는 가솔린의 대부분은 연료가 흡기밸브와 그 근방에 부착된다. 가속, 즉 스로틀밸브를 열었을 때 이 부착연료량이 증가하고 부착된 가솔린이 기화할 때까지는 시간이 걸리기 때문에 가속 시 부착연료량의 증가분만큼 공연비는 목표공연비로부터 이탈되어 희박하게 된다. 부착된 연료의 기화속도는 흡기관압력과 부착부의 온도에 의하여 받는 영향이 크다. 즉, 흡기관압력이 높을수록, 또 부착부온도가 낮을수록 기화속도는 늦어지게 되며, 흡기관압력이 높아지게 되는 가속모드에서는 부착연료의 기화속도가 떨어지고 부착연료가 증가한다. 동일한 부하 변화량의 가속에서도 냉각수온도가 낮을수록 가속보정계수는 커진다.

② 감속보정 : 감속 시는 스로틀밸브가 닫혀지기 때문에 흡기관압력은 낮아지게 된다. 따라서 흡기밸브와 그 근방에 부착되어 있는 가솔린의 기화가 촉진되어 가속 때와는 반대로 공연비가 농후해지게 된다.

▶ 그래서 가속 시는 희박해져 폭발이 끊기는 현상을 방지하기 위해 ECU가 연료를 증량보정하게 되며, 또한 감속 시는 이와 반대로 스로틀밸브가 급격히 닫히므로 흡입공기량이 차단되어 공연비가 농후범위에 있게 된다. 이를 방지하기 위해 농후해지지 않게 ECU는 감량보정을 하게 되는 것이다.

3. **정답** ①

해설 직접분사실식의 장·단점

장점	단점
• 구조가 간단하고 열효율이 높다.	• 피스톤헤드의 강도가 약하다.
• 실린더헤드가 간단하여 열변형이 적다.	• 분사압력이 높아 분사펌프 및 분사노즐의
• 연소실체적이 작아 냉각손실이 적다.	수명이 짧다.
• 기동이 쉬우며 예열플러그가 필요없다.	• 다공식 노즐을 사용하기 때문에 비싸다.
• 연료소비율이 적다.	• 사용연료에 민감하며 노크를 일으키기 쉽다.

4. **정답** ②

해설 하이드로플레이닝현상(수막현상)을 방지하기 위해서는 타이어트레드패턴은 리브패턴의 타이어를 사용하며, 카프형으로 세이빙가공한 것을 사용한다.

5. **정답** ④

해설 체크밸브기능 : 잔압 유지(신속한 작동, 베이퍼록 방지, 휠실린더의 오일 누설 방지)
마스터실린더 체크밸브는 휠실린더로 간 브레이크압력을 "0"으로 만드는 것이 아니라, 체크밸브의 스프링장력만큼 압력을 남게(잔압형성)하여 브레이크의 작동을 신속하게 할 뿐만 아니라 베이퍼록 발생을 방지한다. 체크밸브가 열린 채로 작동되면 잔압이 없어지고 휠실린더의 오일이 모두 마스터 실린더로 빠져나가게 된다. 또한 반대로 닫힌 채 고착되었다면 이는 잔압이 높아져 과도한 압력으로 비정상적으로 브레이크가 점점 딱딱해지는 현상이 발생하게 된다.

6. **정답** ①

해설 공기현가장치(=공기스프링)의 구성
① 공기스프링 : 차축과 차체를 연결하며 완충작용
② 공기압축기 : 엔진의 크랭크축에 의해 작동하며 압축공기를 생산(엔진회전속도에 1/2로 구동)
③ 공기탱크 : 압축공기를 저장
④ 압력조정기 : 공기탱크 내의 압력을 5~7kgf/cm^{2}로 유지시키는 역할
⑤ 언로더밸브 : 압축공기의 압력이 규정압력 이상이 되면 공기압축기의 흡기는 배기밸브를 열어 무부하운전시킴
⑥ 안전밸브 : 탱크 내의 압력이 7.0~8.5kgf/cm^{2}로 유지시키고 탱크의 압축공기를 대기 중으로 배출시켜 규정압력 이상으로 상승되는 것을 방지
⑦ 체크밸브 : 공기탱크 입구 부근에 설치되어 압축공기의 역류를 방지
⑧ 레벨링밸브 : 공기탱크와 서지탱크 중간 배관부위에 설치되어 차체의 하중에 따라 공기스프링에 압축공기를 보내거나 공기스프링의 압축공기를 대기 중에 배출하여 차체의 높이를 일정하게 유지
※ 릴레이밸브는 공기브레이크장치의 구성품으로, 브레이크밸브에서 공급된 압축공기를 브레이크체임버에 직접 공급하는 역할을 담당한다.

7. **정답** ①

해설 엔진의 성능에서 요구되는 사항

① 연료소비율이 적을 것
② 최고속도가 빠를 것
③ 가속도가 클 것
④ 저속에서 회전력이 클 것
⑤ 고속에서 회전력이 작을 것

8. **정답** ③

해설 4사이클엔진은 2회전할 때 한 번의 점화가 이루어진다. 그러므로 크랭크축이 1회전한다면 8기통은 4개 점화플러그가 점화하게 된다.

9. **정답** ①

해설 토크컨버터의 성능

① 유체충돌의 손실은 속도비 0.6~0.7에서 가장 작다.
② 속도비 0에서 회전력(토크)변환율이 가장 크다.
③ 스테이터가 공전을 시작할 때까지 회전력변환율은 직선적으로 감소된다.
④ 클러치포인트 이상의 속도비에서는 회전력변환율는 1이 된다.
⑤ 회전력변환비는 2~3 : 1이다.

※ 펌프회전, 터빈 정지상태에서 터빈이 회전하기 시작하는 지점에서 최대회전력이 발생한다. 이때 회전력변환비은 1(펌프) : 2~3(터빈) 정도이고, 이때를 실속점(스톨포인트)이라고 한다. 따라서 토크컨버터가 작동을 시작할 때 회전력은 최대가 되고, 터빈의 회전속도가 증가하면서 회전력은 감소하게 된다. 또한 터빈의 회전속도가 증가하면서 펌프의 회전속도와 동일해지면 스테이터가 회전하게 되는데 이때를 클러치포인트라고 한다. 따라서 회전력은 점점 감소하여 클러치포인트에서는 1(펌프) : 1(터빈)이 된다.

10. **정답** ③

해설 하이드롤릭유닛(HCU or 모듈레이터(유압조정기))의 구성

① 솔레노이드 : ABS브레이크회로를 개폐시키는 역할
② 어큐뮬레이터 : 감압 시에는 일시적으로 오일을 저장하고, 증압 시에는 휠실린더로 오일 공급
③ 체크밸브 : 어큐뮬레이터에 저장된 오일을 제어밸브에 보내는 역할
④ 프러포셔닝밸브(P밸브)
  • 바퀴가 조기에 고정되지 않도록 뒷바퀴의 브레이크유압을 조정
  • 제동장치에서 고장이 발생하였을 때 뒷바퀴의 로크로 인한 스핀을 방지
⑤ 딜레이밸브 : 급제동 시 뒤휠실린더 쪽으로 전달되는 유압을 지연시켜 차량의 쏠림을 방지
⑥ 리미팅밸브 : 급제동 시 유압이 일정압 이상이 되면 휠실린더 쪽으로 전달되는 유압상승을 제어

11. 정답 ③

해설 ① 광속 : 빛의 다발〈단위 : lm(루멘)〉
② 광도 : 빛의 세기〈단위 : cd(칸델라)〉
③ 조도 : 피조면의 밝기〈단위 : lx(럭스)〉

$$Lx = \frac{cd}{r^2} \quad [Lx : 조도, \ r : 거리(m), \ cd : 광도]$$

$$\frac{cd}{50^2} = 8, \ 8 \times 2,500 = 20,000$$

$$\therefore \ 20,000cd$$

12. 정답 ③

해설 Y결선(스타결선)
① 각 코일의 한 끝을 공통점에 접속하고, 다른 한 끝 셋을 끌어낸 것
② 선간전압은 상전압의 $\sqrt{3}$ 배
③ 저속회전 시 높은 전압 발생과 중성점의 전압을 이용

13. 정답 ③

해설 ▶ 「도로교통법」 제93조(운전면허의 취소·정지) 제1항 제16호
「자동차관리법」에 따라 등록되지 아니하거나 임시운행허가를 받지 아니한 자동차(이륜자
동차는 제외한다)를 운전한 경우는 운전면허 취소사유이다.
▶ 「자동차관리법」 제80조(벌칙) 제1호에 의해 2년 이하의 징역 또는 500만원 이하의 벌금
에 처하게 된다. 그러므로 자동차 등록 또는 임시운행허가를 받지 아니한 자동차를 운전
한 때에는 형사처벌과 함께 운전면허 취소처분을 받게 된다.

14. 정답 ④

해설 교통사고결과에 따른 벌점처벌기준
① ①의 경우 행정처분을 받을 운전자 본인의 피해에 대해서는 벌점을 산정하지 아니한다.
② ②의 경우 2분의 1로 감경한다.
③ ③의 경우 벌점을 부과하지 않는다.

15. 정답 ①

해설 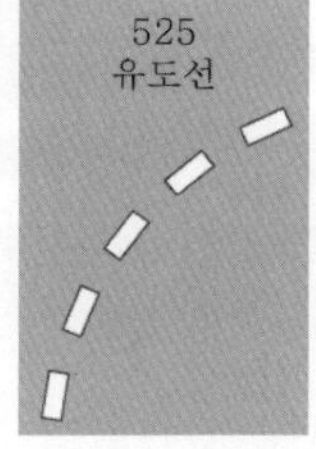

노면표시－유도선(525)로, 교차로에서 통행하여야 할 방향을 유도하는 선을
표시하는 것이다.
※ 교차로에서 통행하여야 할 통행유도선이 필요한 지점에 설치한다.

16. 정답 ③

해설 차 내 소란행위 방치운전의 경우 범칙금 10만원에 벌점 40점을 부과한다.

17. 정답 ②

해설 ▶ 회전교차로(Roundabout)

진입자동차가 일단 멈춘 후 회전차로에서 주행하는 자동차에게 양보하고 교통신호 없이 교차로 중앙에 원형교통섬을 중심으로 시계반대방향으로 회전하여 저속으로 교차로를 통과하는 교통체계이다. 「회전교차로 활성화」는 행정자치부·국토교통부 주관으로 경찰청·국가경쟁력강화위원회가 공동으로 추진하고 있는 교통운영체계 선진화 중점과제로써 2010년부터 국비를 지원해 전국 15개 시·도에서 설치 확대 중이다. 이에 국토교통부에서는 한국형 「회전교차로설계지침」을 만들어 배포했고, 경찰청에서는 회전교차로 활성화를 뒷받침하기 위해 도로교통법령을 정비하고 회전교차로의 장점, 안전한 통행방법 등을 홍보해 나가고 있다.

▶ 「국토교통부 회전교차로설계지침」 제3장 회전교차로 계획 및 전환기준(3-1. 회전교차로 설치여건)

① 회전교차로 설치가 권장되는 경우
- 불필요한 신호대기시간이 길어 교차로 지체가 악화된 경우
- 교통량수준이 높지 않으나 교차로 교통사고가 많이 발생하는 경우
- 교통량수준이 비신호교차로로 운영하기에는 부적합하거나, 신호교차로로 운영하면 효율이 떨어지는 경우
- 교차로에서 직진하거나 회전하는 자동차에 의한 사고가 빈번한 경우
- 각 접근로별 통행우선권 부여가 어렵거나 바람직하지 않은 경우
- Y자형 교차로, T자형 교차로, 교차로형태가 특이한 경우
- 교통정온화사업구간 내의 교차로

② 회전교차로 설치가 금지되는 경우
- 확보가능한 교차로 도로부지 내에서 교차로 설계기준(회전반지름, 지름, 도로폭, 경사도 등)을 만족시키지 않는 경우
- 첨두시 가변차로가 운영되는 경우
- 신호연동이 이루어지고 있는 구간 내 교차로를 회전교차로로 전환 시 연동효과를 감소시킬 수 있는 경우
- 회전교차로의 교통량수준이 처리용량을 초과하는 경우
- 교차로에서 하나 이상의 접근로가 편도 3차로 이상인 경우

18. 정답 ④

해설 「도로교통법 시행령」 제22조(운행상의 안전기준) 제4호

화물자동차는 지상으로부터 4미터(도로구조의 보전과 통행의 안전에 지장이 없다고 인정하여 고시한 도로노선의 경우에는 4미터 20센티미터), 소형 3륜자동차는 지상으로부터 2미터 50센티미터, 이륜자동차는 지상으로부터 2미터의 높이를 넘지 아니하여야 한다.

19. 정답 ④

해설 ① 진입금지표지판이 설치된 일반도로 역주행사고는 통행의 금지표지 위반으로 신호지시 위반사고이다.

② 교통경찰관의 수신호 위반사고는 신호지시 위반사고이다.

③ 긴급자동차도 신호 위반사고 시 신호지시 위반이 적용된다.

④ 신호등 없는 지선도로(원줄기에서 갈라져 나온 곁가지도로)에서 간선도로(도시의 주요 지점을 연결하는 주요한 원줄기 역할을 하는 도로 ; 본선)의 황색신호에 진입하던 중 사고로 본 사고는 「교통사고처리 특례법」상 신호 · 지시 위반사고에 해당하지 않는 일반 교통사고이다.

20. 정답 ③

해설 ① a : 노면표시 – 정차 · 주차금지(516)

② b : 노면표시 – 주차금지(515)

파이널 모의고사

1. 다음은 가솔린기관과 디젤기관을 비교한 것이다. 디젤기관의 장점으로 틀린 것은?

① 디젤기관은 인화점이 높은 경유를 사용하므로 취급의 위험이 적다.
② 디젤기관은 공기압축열로 연료를 착화시킨다.
③ 디젤기관은 정적·정압사이클을 가지는 복합사이클이다.
④ 피스톤운동 부분은 중량이 크기 때문에 최고회전수가 높다.

2. 베어링용 합금으로 쓰이는 화이트메탈에 속하는 것은?

① Sn을 주성분으로 하고, Sb와 Cu를 첨가한 합금
② Ni를 주성분으로 하고, Sb와 Cu를 첨가한 합금
③ Cu를 주성분으로 하고, Sb와 Fe를 첨가한 합금
④ Al를 주성분으로 하고, Sb와 Cu를 첨가한 합금

3. 자동차의 냉각장치에서 라디에이터의 구비조건이 아닌 것은?

① 단위면적당 방열량이 클 것
② 가볍고 작으며 강도가 클 것
③ 냉각수의 흐름저항이 클 것
④ 공기의 흐름저항이 작을 것

4. 가솔린기관의 열손실을 측정한 결과 냉각수에 의한 손실이 25%, 배기 및 복사에 의한 손실이 35%였다. 기계효율이 90%이라면 정미효율은 몇 %인가?

① 54%
② 36%
③ 32%
④ 20%

5. 두께는 일정하나 폭은 링절개부 쪽이 좁고 그 반대방향의 폭이 넓어서 실린더벽에 면압을 고루 가할 수 있는 피스톤링은?

① 동심형 링 ② 편심형 링

③ 원심형 링 ④ 오일링

6. 다음 중 라디에이터압력캡의 진공밸브가 열리는 시점은?

① 라디에이터 내의 압력이 대기압보다 높을 때

② 라디에이터 내의 압력이 대기압보다 낮을 때

③ 라디에이터 내의 압력이 규정치보다 높을 때

④ 보조탱크 내의 압력이 규정보다 낮을 때

7. PNP형 트랜지스터의 순방향 전류는 어떤 방향으로 흐르는가?

① 컬렉터에서 베이스로 ② 이미터에서 베이스로

③ 베이스에서 이미터로 ④ 베이스에서 컬렉터로

8. 축전지의 전해액에 관한 설명 중 틀린 것은?

① 전해액의 비중은 전해액온도의 변화에 따라 변동한다.

② 온도가 높으면 비중은 높아지고, 온도가 낮으면 비중이 낮아진다.

③ 비중의 변화량은 1℃에 대하여 0.0007이다.

④ 비중측정 시는 표준온도일 때의 비중으로 환산해서 판단한다.

9. 자동차용 직권전동기에 대한 설명으로 맞는 것은?

① 전동기의 회전력은 전기자전류의 제곱에 반비례한다.

② 직권전동기의 회전속도는 전압에 비례하고, 계자의 세기에 반비례한다.

③ 직권전동기는 기동회전력이 크며, 회전속도는 거의 일정하다.

④ 직권전동기는 부하가 클 때 전기자전류가 커져 큰 회전력을 낼 수 있다.

10. OBD-Ⅱ 시스템의 주요 감시기능에 속하지 않는 것은?

① 촉매컨버터기능 감시 ② 엔진실화 감시

③ 증발가스 감시 ④ 고전압 분배기능 감시

11. DLI(Distributor Less Igition)시스템의 장점으로 틀린 것은?

① 점화에너지를 크게 할 수 있다.

② 고전압에너지손실이 적다.

③ 진각(advance)폭의 제한이 적다.

④ 스파크의 플러그수명이 길어진다.

12. 교류발전기와 직류발전기의 차이점으로 교류발전기의 유도전류는 어디에서 발생하는가?

① 계자코일　　　　　　　　② 로터

③ 스테이터　　　　　　　　④ 전기자

13. 다음 중 안전표지에 대한 설명으로 옳은 것은?

① 지시표지 : 도로상태가 위험하거나 도로 또는 그 부근에 위험물이 있는 경우에 필요한 안전조치를 할 수 있도록 이를 도로사용자에게 알리는 표지

② 주의표지 : 도로의 통행방법·통행구분 등 도로교통의 안전을 위하여 필요한 경우에 도로사용자가 이에 따르도록 알리는 표지

③ 보조표지 : 도로교통의 안전을 위하여 각종 주의·규제·지시 등의 내용을 기호·문자 또는 선으로 도로사용자에게 알리는 표지

④ 규제표지 : 도로교통의 안전을 위하여 각종 제한·금지 등을 하는 경우에 이를 도로사용자에게 알리는 표지

14. 다음 빈칸에 들어갈 말로 알맞은 것은?

> 어린이통학버스를 운영하려는 자는 행정자치부령으로 정하는 바에 따라 미리 관할경찰서장에게 신고하고 신고증명서를 발급받아야 한다. 이를 위반하여 어린이통학버스를 신고하지 않고 운행한 운영자는 과태료 (ⓐ)을 부과하고, 또한 어린이통학버스 안에 법에 따라 발급받은 신고증명서를 항시 갖추어 두어야 하는데, 이를 위반할 시에는 과태료 (ⓑ)을 (ⓒ)에게 부과한다.

① ⓐ : 15만원, ⓑ : 3만원, ⓒ : 운전자

② ⓐ : 20만원, ⓑ : 5만원, ⓒ : 운전자

③ ⓐ : 30만원, ⓑ : 3만원, ⓒ : 운영자

④ ⓐ : 30만원, ⓑ : 6만원, ⓒ : 운영자

15. 다음 중 「도로교통법」 제54조 사고발생 시의 조치에서 정하는 교통사고의 정의를 올바르게 기술한 것은?

① 도로상에서 차의 교통으로 인하여 사람을 사상하거나 물건을 손괴한 것을 말한다.
② 자동차의 운행으로 인해 사람을 사상한 것을 말한다.
③ 차의 운전 등 교통으로 인하여 사람을 사상하거나 물건을 손괴하는 것을 말한다.
④ 자전거의 통행으로 인하여 보행자를 다치게 한 행위를 말한다.

16. 「도로교통법」상 자동차의 운전자가 도로에서 혈중알코올농도 0.15%의 음주운전으로 단속되었을 때의 벌칙기준은? (단, 음주전력 없음)

① 6개월 이하의 징역이나 300만원 이하의 벌금
② 2년 이하의 징역이나 500만원 이하의 벌금
③ 6개월 이상 1년 이하의 징역이나 300만원 이상 500만원 이하의 벌금
④ 1년 이상 3년 이하의 징역이나 500만원 이상 1,000만원 이하의 벌금

17. 다음 중 종형 4색 교통신호등 설치(배열)순서로 옳은 것은?

① 적색－녹색－황색－녹색 화살표　　② 녹색－황색－적색－녹색 화살표
③ 황색－적색－녹색 화살표－녹색　　④ 적색－황색－녹색 화살표－녹색

18. 시장 등은 교통사고의 위험으로부터 어린이를 보호하기 위하여 필요하다고 인정하는 경우에는 시설의 주변도로 가운데 일정구간을 어린이보호구역으로 지정할 수 있도록 하고 있다. 이때 어린이보호구역으로 지정할 수 있는 "행정자치부령이 정하는 보육시설"의 정원기준은?

① 정원 80명 이상　　　　　② 정원 100명 이상
③ 정원 150명 이상　　　　　④ 정원 200명 이상

19. 거짓이나 그 밖의 부정한 수단으로 운전면허를 받거나 운전면허증 또는 운전면허증을 갈음하는 증명서를 발급받은 사람에 대한 벌칙은?

① 3년 이하의 징역이나 700만원 이하의 벌금
② 2년 이하의 징역이나 500만원 이하의 벌금
③ 2년 이하의 금고나 500만원 이하의 벌금
④ 1년 이하의 징역이나 300만원 이하의 벌금

20. 다음 교통안전표지가 의미하는 것은?

① 자전거통행이 많은 지점　　② 자전거횡단도

③ 자전거주차장　　④ 자전거전용차로

제25회 정답 및 해설

1. **정답** ④

해설 디젤기관의 특징
① 인화점이 높은 경유를 사용하므로 취급의 위험이 적다.
② 공기압축열로 연료를 착화시킨다.
③ 정적과 정압사이클을 가지는 복합사이클이다.

2. **정답** ①

해설 화이트메탈(배빗메탈 또는 백메탈)은 Sn(주석)을 주성분으로 하고, Sb(안티몬)과 구리(Cu)를 첨가한 합금이다.

3. **정답** ③

해설 라디에이터의 구비조건
① 단위면적당 방열량이 클 것
② 가볍고 작으며 강도가 클 것
③ 냉각수의 흐름저항이 작을 것
④ 공기의 흐름저항이 작을 것

4. **정답** ②

해설 정미효율＝{100%－(냉각손실＋배기손실)}×기계효율
　　　　＝{100－(25＋35)}×0.9＝36%

5. **정답** ②

해설 동심형 링은 실린더벽에 대한 압력이 전체 둘레에 걸쳐 일정하지가 않다. 이를 보완하기 위해 만든 것이 편심형이다. 그러나 이 편심형은 제작상의 문제로 그다지 사용이 되지 않고 있으며, 동심형을 주고 사용한다.

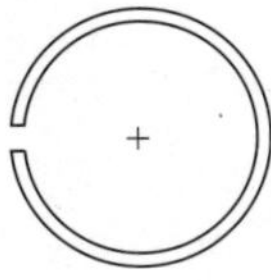

▲ 동심형 링

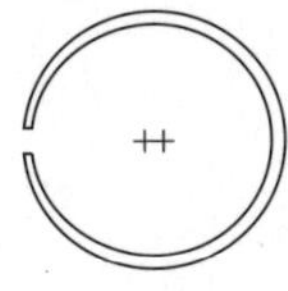

▲ 편심형 링

6. **정답** ②

해설 부압(진공)밸브는 저온이 되어 라디에이터 내부의 압력이 대기압보다 낮을 시에 작동하여 냉각수의 수축에 의한 실린더블록의 파손을 막도록 보조탱크(리저버탱크)의 냉각수나 공기를 넣어 진공을 해제한다.

7. **정답** ②

해설 PNP형 트랜지스터의 순방향 전류는 이미터에서 베이스, 또는 이미터에서 컬렉터로 흐른다.

※ NPN형은 순방향 전류가 베이스에서 이미터, 또는 컬렉터에서 이미터로 흐른다.

8. **정답** ②

해설 전해액의 비중은 온도가 높아지면 낮아지고, 온도가 낮아지면 높아진다. 그래서 20℃ 환산비중을 사용하여 비교한다.

① 전해액의 비중 : 온도(반비례)
② 전해액의 비중 : 기전력(비례)
③ 전해액의 온도 : 기전력(비례)
→ 전해액의 온도가 저하하면 전해액의 저항이 증가해 기전력은 작아진다.

9. **정답** ④

해설 직권전동기의 특징

① 전기자코일과 계자코일이 직렬로 접속되어 있다.
② 기동회전력이 크기 때문에 기동전동기에 사용된다.
③ 전동기의 회전력은 전기자의 전류에 비례한다.
④ 전기자전류는 역기전력에 반비례하고, 역기전력은 회전속도에 비례한다.
⑤ 직권전동기는 부하가 클 때 전기자전류가 커져 큰 회전력을 낼 수 있다.

10. **정답** ④

해설 OBD(On-Board Diagnostics, 배출가스 자기진단장치)

자동차 배출가스 관련부품의 오작동 및 고장으로 인한 유해배출가스가 증가하는 것을 감지하여 자동차의 계기판에 정비지시등(check engine)을 점등하여 운전자에게 CAN통신을 통해 알려주는 시스템이다. 또한 OBD-Ⅱ에서는 배출가스 관련 주요 부품의 작동오류(failure)뿐만 아니라 기능 저하까지를 감지하도록 범위를 확장하였다. 촉매정화효율성능 감시, 엔진실화 감시, 산소센서 감시, EGR 감시, 증발가스 감시, 연료공급시스템 감시 등 총 6가지 감시체계가 있다.

참고 OBD-Ⅰ은 배출가스와 관련된 각종 부품 및 입·출력센서들의 단선/단락정보만을 제공한다(국내 2008년 도입).

11. **정답** ④

해설 DLI방식의 특징

① 배전기에 대한 누전이 없다.

② 배전기가 없어 로터와 접지간극 사이의 고압에너지손실이 적다.

③ 배전기의 캡에서 발생하는 전파잡음이 없다.

④ 점화진각폭에 제한이 없다.

⑤ 점화에너지를 크게 할 수 있다.

⑥ 내구성이 크므로 신뢰성이 향상된다.

12. **정답** ③

해설 직류(DC)발전기와 교류(AC)발전기의 비교

구분	직류(DC)발전기	교류(AC)발전기
발생전압	교류	교류
정류기	브러시와 정류자	실리콘다이오드
자속 발생	계자철심, 코일	로터
조정기	전압, 전류, 컷아웃릴레이	전압조정기
역류 방지	컷아웃릴레이	다이오드
전류 발생 (전기생성 부분)	전기자	스테이터

13. **정답** ④

해설 「도로교통법 시행규칙」 제8조(안전표지) 제1항

1. 주의표지 : 도로상태가 위험하거나 도로 또는 그 부근에 위험물이 있는 경우에 필요한 안전조치를 할 수 있도록 이를 도로사용자에게 알리는 표지
2. 규제표지 : 도로교통의 안전을 위하여 각종 제한·금지 등의 규제를 하는 경우에 이를 도로사용자에게 알리는 표지
3. 지시표지 : 도로의 통행방법·통행구분 등 도로교통의 안전을 위하여 필요한 지시를 하는 경우에 도로사용자가 이에 따르도록 알리는 표지
4. 보조표지 : 주의표지·규제표지 또는 지시표지의 주기능을 보충하여 도로사용자에게 알리는 표지
5. 노면표시 : 도로교통의 안전을 위하여 각종 주의·규제·지시 등의 내용을 노면에 기호·문자 또는 선으로 도로사용자에게 알리는 표지

14. **정답** ③

해설 「도로교통법」 제52조(어린이통학버스의 신고 등) 제1항

어린이통학버스(「여객자동차운수사업법」 제4조 제3항에 따른 한정면허를 받아 어린이를 여객대상으로 하여 운행되는 운송사업용 자동차는 제외한다)를 운영하려는 자는 행정자치부령으로 정하는 바에 따라 미리 관할 경찰서장에게 신고하고 신고증명서를 발급받아야 한다.

위 법령을 위반한 어린이통학버스를 신고하지 않고 운행한 운영자에게는 30만원의 과태료를

부과하고, 또한 어린이통학버스를 운영하는 자는 어린이통학버스 안에 법에 따라 발급받은 신고증명서를 항상 갖추어 두어야 한다. 이를 위반 시에는 <u>어린이통학버스의 운영자에게 과 태료 3만원을 부과한다.</u>

15. 정답 ③

해설 ▶ 「도로교통법」 제54조 제1항
차의 운전 등 교통으로 인하여 사람을 사상하거나 물건을 손괴한 경우에는 그 차의 운전 자나 그 밖의 승무원은 즉시 정차하여 사상자를 구호하는 등 필요한 조치를 하여야 한다.
▶ ① 「교통사고처리지침」 제2조(용어의 정의)
교통사고라 함은 도로상에서 차의 교통으로 인하여 사람을 사상하거나 물건을 손괴한 것을 말한다.
② 「교통사고처리 특례법」 제2조(정의)
교통사고라 함은 차의 교통으로 인하여 사람을 사상하거나 물건을 손괴하는 것을 말 한다.
※ 도로상의 차의 운전 등 교통으로 인하여 사람을 사상하거나 물건을 손괴한 사고를 말한 다. 즉, 「도로교통법」상 교통사고는 도로에서 발생한 사고를 말하며, 「교통사고처리 특례법」 상 교통사고는 차의 교통으로 인하여 사람을 사상하거나 물건을 손괴하는 것을 말한다 (「교통사고처리 특례법」 제2조 제2호).

16. 정답 ③

해설 혈중알코올농도 0.15%의 음주운전으로 단속되었을 때 6개월 이상 1년 이하의 징역 또는 300 만원 이상 500만원 이하의 벌금이 부과된다.
▶ 음주운전의 처벌기준

혈중알코올농도 0.05~0.1% 미만	혈중알코올농도 0.1~0.2% 미만	혈중알코올농도 0.2% 이상
• 6월 이하 징역 또는 300만 원 이하 벌금 • 100일 면허정지(교통소양 교육 : 4시간)	• 6월 이상 1년 이하 징역 또는 3백만원 이상 500 만원 이하 벌금 • 면허취소	• 1년 이상 3년 이하 징역 또는 500만원 이상 1천만 원 이하 벌금 • 면허취소

※ 1. 인명피해사고 야기 시
• 상해사고 : 10년 이하 징역 또는 500만원 이상 3천만원 이하의 벌금
• 사망사고 : 1년 이상 징역
2. 물적피해사고 야기 시 : 2년 이하의 금고 또는 500만원 이하의 벌금
3. 음주운전 2회 이상 위반한 사람이 다시 주취운전하거나 음주측정 불응 시 : 3년 이하의 징역 또는 1천만원 이하의 벌금

17. 정답 ④

해설 ① 종형(세로형) 4색등 등화의 배열순서 : 위로부터 적색 → 황색 → 녹색 화살표 → 녹색
② 등화의 표시(신호)순서 : 녹색 → 황색 → 적색 및 녹색 화살표 → 적색 및 황색 → 적색

18. 정답 ②

해설 「도로교통법 시행규칙」 제14조(보육시설 및 학원의 범위) 제1항
법 제12조 제1항 제2호에서 "행정자치부령이 정하는 보육시설"이란 정원 100명 이상의 보육시설을 말한다. 다만, 시장 등이 관할경찰서장과 협의하여 보육시설이 소재한 지역의 교통여건 등을 고려하여 교통사고의 위험으로부터 어린이를 보호할 필요가 있다고 인정하는 경우에는 정원이 100명 미만의 보육시설 주변도로 등에 대하여도 어린이보호구역을 지정할 수 있다.

19. 정답 ④

해설 「도로교통법」 제152조(벌칙) 제3호
거짓이나 그 밖의 부정한 수단으로 운전면허를 받거나 운전면허증 또는 운전면허증을 갈음하는 증명서를 발급받은 사람은 1년 이하의 징역이나 300만원 이하의 벌금에 처한다.

20. 정답 ②

해설 ① 자전거 : 자전거통행이 많은 지점이 있음을 알리는 표지

134
자 전 거

 : 주의표지

② 자전거횡단도
325
자전거횡단도

 : 지시표지

③ 자전거주차장
320
자전거주차장

 : 지시표지

④ 자전거전용차로
318
자전거전용차로

 : 지시표지

[저자 약력]

오세인

- 국민대학교 자동차공학 공학석사
- 現, (주)성안당 운전직(자동차구조원리 및 도로교통법규) 대표강사
- 現, 한국자동차공학회(KSAE) 정회원
- 지안에듀 운전직(자동차구조원리 및 도로교통법규) 전임강사 역임
- 자동차검사 실무 경력 3년(안전도, 배출가스, 구조변경 외), 자동차분야 연구개발 12년(연비 및 엔진구동/동력 성능, 차량 감성 평가·안전도 평가 외)
- 한국산업인력공단 국가기술자격검정 자동차분야 출제 및 실기시험 채점 및 감독위원 역임
- 자동차정비/검사 기사·산업기사, 자동차관리사, 손해 사정사(차량), 도로교통안전관리자 등 다수의 국가공인 자격 보유
- 자동차분야(연구개발) 정부 국책과제 및 산·학·연 기술개발 과제 다수 수행

〈저서〉

- 《자동차구조공학》(성안당)
- 《오세인의 자동차구조원리》(성안당)
- 《오세인의 자동차구조원리 및 도로교통법규 핵심예상 600제》(성안당)
- 《알짜배기 자동차구조원리 기출문제 총정리》(성안당)
- 《2015 만점 자동차구조원리》(탑스팟)
- 《2015 만점 도로교통법규》(탑스팟)
- 《2015 만점 자동차구조원리 & 도로교통법규 핵심기출 600제》(탑스팟)
- 《2015 만점 자동차구조원리 & 도로교통법규 파이널 모의고사》(탑스팟)

오세인의
자동차구조원리 및 도로교통법규
파이널 모의고사

2017. 7. 27. 초 판 1쇄 발행
2019. 5. 2. 초 판 2쇄 발행

지은이 | 오세인
펴낸이 | 이종춘
펴낸곳 | **BM** (주)도서출판 **성안당**

주소 | 04032 서울시 마포구 양화로 127 첨단빌딩 3층(출판기획 R&D 센터)
      10881 경기도 파주시 문발로 112 출판문화정보산업단지(제작 및 물류)

전화 | 02) 3142-0036
      031) 950-6300
팩스 | 031) 955-0510
등록 | 1973. 2. 1. 제406-2005-000046호
출판사 홈페이지 | **www.cyber.co.kr**
ISBN | 978-89-315-1986-0 (13550)
정가 | 16,000원

이 책을 만든 사람들
기획 | 최옥현
진행 | 이희영
교정·교열 | 문 황
전산편집 | 이다혜
표지 디자인 | 임진영
홍보 | 김계향, 정가현
국제부 | 이선민, 조혜란, 김혜숙
마케팅 | 구본철, 차정욱, 나진호, 이동후, 강호묵
제작 | 김유석